猴面包树

LES

Eudes Séméria

4 PEURS

阻碍成长的四种恐惧

QUI NOUS

EMPÊCHENT

[法] 厄德·塞梅里亚 著　　蔡进桂 译

DE VIVRE

上海文艺出版社

致

我的母亲

吉尔·吉多

历史和地理教授

作家、热爱非洲的民族学家

多约人和图瓦雷克人的忠实伙伴

自始至终都是人文主义者和自由女性

一直努力让自己变得更优秀

为自己也为他人

致

我的女儿们

艾玛和玛丽

目录

引言 /008

日常生活中的恐惧/四大基本恐惧/如何克服恐惧？

第一部分

害怕成长 为什么长大如此可怕？

第一章 童年的部分 /022

害怕脱离童年/害怕接受成年人的身体/性恐惧/害怕生病/害怕独立于父母/心理治疗：走出童年

第二章 步入成年 /086

害怕投入自己的生活/害怕过去/害怕当下与无聊/害怕未来/害怕衰老/害怕目睹父母去世/心理治疗：走进自己的生活

第二部分

害怕表达自己 为什么很难认清自己？

第三章 寻找自我意象 /146

害怕力所不及/害怕成为"冒牌货"/害怕精神错乱/害怕认识自己/心理治疗：找回自尊

第四章 寻找位置 /210

害怕打扰别人/害怕被拒绝/害怕承担责任/害怕失去一切/心理治疗：找回自己的位置/立足自身的重要性

第三部分

害怕采取行动 为什么我们很难在生活中不断前进？

第五章　从选择恐惧到思维反刍 /258

害怕选择错误/害怕不能控制/害怕错失/害怕思维反刍/
心理治疗：摆脱思维反刍

第六章　从害怕采取行动到拖延症 /296

害怕对自己负责/对学习与知识的恐惧/害怕承诺/
害怕失败与成功/心理治疗：行动起来

第四部分

害怕离别 为什么我们很难维持与他人的关系？

第七章　与自己的关系 /344

害怕孤独/害怕自己的感受与情绪/对爱和依恋的恐惧/
心理治疗：学会与自己独处

第八章　与他人的关系 /382

害怕被抛弃/害怕被评价/害怕被攻击/害怕自己的伴侣/
害怕独立/心理治疗：信任与他人的关系/最低限度的要求/
从依赖到集体个人主义

生与死的小结 /422

你活着的理由是什么？/对死亡的告解

注释 /430

引言

所有能增强责任意识的事物都有利于治愈身心。

——赫尔穆特·凯瑟,存在主义心理学家[1]

日常生活中的恐惧

成年人每天都会有许多恐惧的事情:怕辜负别人,怕做得不好,怕被评价、被抛弃,怕打扰别人,怕发表意见,怕表达感受……像我这样的成年人,可以向谁倾诉自己每天的恐惧呢?事情又该从何说起呢?害怕身体形象不如人意,害怕他人的目光?害怕父母,害怕伴侣,害怕生病,害怕未来,害怕失去,害怕选择错误,害怕承诺,害怕去爱,害怕失败,害怕孤单?

一旦目睹当下数不胜数的小挑战,内心难免会缺乏自尊、自信以及勇气,这是正常的吗?害怕黑暗,害怕入睡,害怕思虑,害怕开车,害怕接打电话,害怕无聊,害怕面对行政工作,害怕瞄一眼自己的银行账户,有哪个成年人会承认自己依旧在害怕这些事情呢?

在一个"正常的成年人"会表现得冷静且从容的情况下，我却害怕脸红，害怕结巴，害怕表达自己的想法，还因此担心、焦虑或紧张不已，那我是否应该为此感到羞愧呢？再者，"正常的成年人"又是怎样做的呢？难道他们就不害怕吗？

我就不拐弯抹角了，直说吧！每个人都会害怕，害怕不仅无可厚非，而且对你大有裨益。但是，害怕悬崖或好斗的狗是正常的，可30岁、40岁，甚至50岁的时候还害怕在父母面前说话或抽烟，这就很奇怪了……

事实上，人们对日常生活中的恐惧知之甚少，因为心理学家们感兴趣的主要是恐惧症，即在没有客观危险的情况下突然产生的非理性且无法控制的恐惧(如害怕鸽子)。可如何解释成年人害怕黑暗呢？这到底属于个人的恐惧症还是普遍的恐惧呢？很难界定。虽然弗洛伊德[1]将恐惧分为两类：一类是恐惧症，另一类是"真实的恐惧"，但是两者之间的界限并不清晰。这就是为什么有些心理学家提出要区分积极性恐惧(可以让人们在生活中不断前进)

和消极性恐惧（会持续引起极大的痛苦且阻碍人们过上充实的生活）。我们还试图将恐惧分为生理性恐惧（当生命遇到危险时所产生的）、社交性恐惧（如当众发言）以及存在性恐惧（如对死亡的恐惧）。然而这种分类方式并不够深入，就如同把恐惧分为孩子的恐惧和大人的恐惧一样，两者在很大程度上是重合的。因此，针对日常的恐惧，我们可能缺乏一个逻辑严密的整体性模型以助理解并克服恐惧。以上便是本书的研究目的。

四大基本恐惧

基于本人在心理治疗方面的临床观察以及多位存在主义心理学家的研究成果，我建议将所有日常生活中的恐惧分为四大基本恐惧。我将通过本书阐释这种分类方式的合理性。以下是四大基本恐惧：

● 害怕成长或害怕接受自己已长大成人的事实。由此产生的恐惧攸关青少年的独立化困境，同时也明确指出了童年时期的行为（害怕黑暗，害怕身体发育，害怕性行为，害怕父母的权威，害怕疾病等）会贯穿你的一生。

● 害怕表达自己或定义自己，害怕在人群中脱颖而出，害怕独当一面（害怕力所不及，害怕被人认为是"冒牌货"，害怕别人觉得自己是"无用之人"，害怕不被认可，害怕打扰别人，害怕被拒绝等）。

● 害怕采取行动或难以做出决定并采取行动，难以亲自制订个人成长计划（害怕做选择，害怕失去，害怕公共空间或封闭空间，害怕承诺，害怕采取行动，害怕失败等）。

● 害怕离别或害怕对他人产生依赖，尤其是害怕分离和被抛弃（害怕自己的情绪和感受，害怕孤独，害怕不被人爱，害怕被攻击、被欺骗、被分手等）。

四大基本恐惧涵盖了所有我们在日常生活中产生的恐惧。这些恐惧之所以彼此联系，是因为它们都来自我们每个人心中永恒的冲突，即孩子与大人这两种身份之间的冲突。我们既不再是孩童，但又不愿成为大人。一方面，我们会在冲动之下去否认现实；另一方面，我们又有意识地去努力划清两者之间的界限。

然而，没有人能够逃避这种内心的冲突——

孩子与大人的身份冲突。坦白来说，世界上也许不存在真正的成年人。只不过刚好有一些人，他们不那么容易害怕且不容易被怀疑和焦虑裹挟。

在法国，每七个人中就有一个怕水且不会游泳；有很多人不会骑自行车；还有人害怕自己的身体，害怕他们自身，害怕别人。在我们的周围，有许多人因恐惧而备受折磨，从而无法过上充实而惬意的生活。无处不在的恐惧常常会让人的生活失去意义且弥漫着不安的气息，还会让人产生停滞不前和虚度人生的感觉。我们常说，"只要我不再害怕，我就会很幸福！"但这可能吗？

如何克服恐惧？

我和大家一样，也常常在生活中感到恐惧。我害怕躲在床底下的怪物，害怕在黑夜中入睡，害怕孤独。稍大一点以后，我开始害怕父母去世。我难以入睡，因为我不希望比他们先去世。青春期快结束时，我发生了一次意外，在此之后，我发现自己害怕英年早逝，害怕生病，害怕精神错乱。几年来，我的焦虑越发严重，我经历了多次惊恐发作（有一天甚至在街上拦了一辆车将我紧急送往医院）。我害怕空虚，害怕辜负别人，害怕失败。这几年间，这些日常恐惧将我裹得密不透风，我还患过两次抑郁症。

想要摆脱那些麻痹、毒害我们生活的非理性恐惧，完全是有可能的。而这也是在我成为一名临床心理治疗师[2]以后，从多年的工作中吸取到的教训。那么怎样才能摆脱这些恐惧呢？

通过测量我们的心理成熟度。然而这并不是一件容易的事……我们可能需要为此调动自己的幽默感，因为指出自己的缺点向来不是一件令人愉快的事情。但是，随着我们逐渐发现自己的四大基本恐惧以及恐惧的来源，我们便可以审视自己所能做出的改变，以及为了安稳的生活所能采取的手段。

此书既有理论性又有实践性，包含所有可能存在的恐惧或与之相当的恐惧，其中甚至包括害怕接打电话，害怕脸红，害怕发胖……在每一章中，我们首先会描述相关的恐惧及其存在的原因，其次会介绍一些临床案例（即患者的自述），最后会提出一些经过验证并切实可行的治疗方法。之后我们将会明白，摆脱恐惧的核心方法其实很简单：变得更加成熟，更加自我。

第一部分

害怕成长

在医治病人前,问一问病人是否已经做好准备放弃让自己生病的事物。

——希波克拉底

为什么长大如此可怕？

年少时，我们总是反复听到这些话"担起你的责任！""赶快长大！""成熟一点！"我们是如何理解这些话的呢？这些话的意思就是从18岁开始，我们应该上学，然后工作，实现经济独立，缴纳税款，抚养孩子，信守承诺。可如果只是这样的话，那我们现在都应该已经非常成熟了。然而，在我们身边，许多人虽然已经到了生育的年纪而且也承担了相应的社会责任，甚至已经很好地融入了这个社会，但他们并不觉得自己是个真正的"成年人"。

那么，什么是真正的成年人呢？

存在主义心理学家可能会给出这样的定义：成年意味着我们要认识到人类自身的局限性。事实上，人类是受到限制的：受限于时间，因为我们终将逝去；受限于人际关系，因为我们独自来到这个世界，又独自离开；受限于对存在的理解，因为我们不知道自己从哪里来，要到哪里去；受限于自己的选择，因为选择的同时就意味着放弃。

我们所有的焦虑基本上都是在面对这些局限性时产生的，所以我们更愿意将这些局限性从我们的意识中移除。但这样一来，我们便拒绝让自己成为真正的成年人，我们坚持以孩子的方式去思考。

死亡？我们幻想自己是不死之身或者尽量不去想死亡这件事，它们本质上其实是一样的。

孤独？心理学家赫尔穆特·凯瑟（Helmut Kaiser）[1]曾写道："成年人的生活包含一种彻底的、根本的、永恒的且无法摆脱的孤独。"[1]为了忘记孤独，我们开始幻想和亲人相处融洽，让自己融入大众，或者让自己相信我们不需要任何人。

生活的意义？我们任由其被他人、信仰、巧合或命运支配……

---

[1] 赫尔穆特·凯瑟（1893-1961），德国精神分析学家、存在主义心理学家。——译者注

责任？我们很乐意将自己的责任委托给他人、机构、上级和偶然事件。有时我们装作无力改变生活的样子，或者正好相反，我们用幻想来欺骗自己，认为自己真正可以做到的事情并不是受限的。

我们都很擅长否认自己的存在性焦虑！从小时候开始，我们便会自然而然地运用贬低或夸大自我的防御策略。然而在理想状态下，我们应该逐渐摒弃童年时的"魔幻"世界，清醒地认识到我们自身的局限性。为什么呢？因为如果不这样做，我们将难以掌控现实，进而难以掌控自己的人生。有时我们想继续或再次成为一个胆怯的孩子，可以躲在大人的身后，或者成为一个勇敢的孩子，不会被任何事物击垮；我们的存在性焦虑确实会因此而减少，但是童年的恐惧仍会继续入侵并妨碍我们的生活。

对于成年人生活的方方面面（工作、诱惑、性生活等），我们怎样做才能像孩子一样活着，同时又觉得自己和别人能力相当呢？我们如何应对每天的生活安排以及承担不断出现的各种责任呢？我们如何做出决定，如何采取行动，如何让自己有安全感呢？

我们每个人在人生的某个时刻都必须做出选择：是活在无数的童年恐惧之中，还是接受成年人自身的局限性。

第一章

童年的部分

你好,我已经试过"成年"模式,不感兴趣了。我想取消订阅。有哪位负责人可以和我聊聊吗?

——佚名

害怕脱离童年

"我知道床底下没有怪物,但是我不敢去看。"尽管很多人确信童年已经结束了,但是他们往往在不知不觉中保留了一些阻碍个人发展的童年习惯。其实,所有心理学家都明白这一点:在我们生活的世界里,到处都是伪装成大人的孩子。因此,以下的问题十分关键:我们真的确定自己是成年人吗?我们到底有多成熟呢?

你可以睡整觉吗?

婴儿出生以后,全家人都急切地盼望孩子能够养成"睡整觉"的习惯:安静地入睡,第二天早晨才醒来,睡得特别香。可是孩子们显然不喜欢睡觉。许多失眠的成年人亦是如此,他们坚信日常生活中的束缚太多了,仅靠个人意志根本无法入睡。有些人经常晚上在家里完成工作，然后利用空余时间追剧或读书，直到凌晨两三点；另一些人虽然能够在合适的时间上床睡觉，但却总是忧虑不安，甚至会起夜两三次，然后又开始焦虑地思考过去或未来，最后想睡着真是难如登天。还有一些人虽然能很好地入睡，但却必定会在闹钟响之前一两个小时醒来。如果你也是这样的情况，你可以称之为失眠，但其实想得简单一点，你只是不能睡整觉而已。

除了疾病导致的睡眠障碍外，其他睡眠障碍通常都代表着一种"拒绝睡觉"的信号。承认这一点也许很难，但其实我们可能只是和小时候一样，不愿意去睡觉。当然，有人可能会反驳说自己是想要睡觉的！这就是为什么一定要明确指出这种"拒绝睡觉"的信号是无意识的，并非有意为之：我们只是无意识中尽力让自己不睡觉。关于这一点，其实还有很多原因。

我们先从害怕黑暗开始说起，这种恐惧在我们小的时候就开始折磨我们。几乎所有的孩子都会央求打开房门，只有听着家里人来回走动的声音才能安心。虽说现在我们成年了，但是这些童年时期的行为只是随之变得更容易接受了,换句话说,变得更隐蔽了,就连我们自己也并未察觉。长大以后,夜灯这一角色便换成了电视或电脑,偶尔也会是来自其他房间的光线。除此以外,我们还可以打开百叶窗,去享受街边生活的烟火气息。很多人睡觉的时候会戴着耳机,好让自己整晚伴随音乐或其他声音安睡。的确,害怕黑暗的人常常也会害怕寂寞,因为寂寞无非就是听觉上的黑暗。

坦白来说,这是因为卧室就像一座坟墓:我们在黑暗中躺在床上一动不动,因此才会不由自主地联想到死亡。有的人在关灯之后又会立刻开灯,以此来确认自己没有突然失明,这样的人并不少见。还有的人害怕睡着了就醒不过来,害怕从此停止呼吸。哪怕对于成年人来说,黑暗的房间里压抑的环境也可能会让人喘不过气来。黑暗似乎可以夺走我们的生命力!

龚古尔学院及龚古尔文学奖创始人埃德蒙·德·龚古尔(Edmond de Goncourt)[1]在其著作¹中详细描述了因黑暗而

---

[1] 埃德蒙·德·龚古尔(1822–1896),法国自然主义文学代表作家。——译者注

引起的恐惧感:"总是担心失明;害怕在夜间被活埋。"在龚古尔生活的年代——19世纪下半叶,人们曾经滥用吗啡来达到助眠的效果。如今,人们使用其他的方法,如酒精、麻醉剂、安眠药或抗焦虑药物,并不是因为这些方法可以帮助我们入睡,而是因为它们可以消除我们的童年恐惧,即刻意让我们入睡。

漆黑的房间容易让人联想到死亡,所以我们不惜一切代价想要逃避它也是可以理解的。因此,我们在睡前甚至在失眠的时候所做的事情,通常来说只有一个奇幻的目的,就是消除夜晚,仿佛这样就能直接跳到第二天。希望"早晨立刻到来",希望生活在永恒白昼中,不再经历昼夜交替,这些都曾是我们儿时的旧梦。孩子和许多大人一样,觉得睡觉和死亡似乎是同一回事。

但是我们要靠什么把戏来"消除夜晚"呢?很简单,至少保持清醒到凌晨四点。至于用什么方法并不重要:阅读、外出、看电视、沉思、写作……那为什么是凌晨四点呢?因为此时正好是天空开始破晓的时候,也是个体的生理参数(体温、心率、血压等)开始逐渐回升的时候。在这个时间点,我们的身体开始恢复活力。与此同时，夜晚已然结束。如果此刻失眠的人支撑不住睡着了，那并不是因为他们感到累了，而是因为他们本能地感到机体深处如天空般开始破晓。他们知道自己已经成功将"上一个白昼"和"下一个白昼"连接到了一起，所以夜晚并没有出现，也可以说夜晚被"消除"了。

由此可见，我们如果想要"睡整觉"，就必须摒弃孩子般奇幻的思维模式，分辨白昼与黑夜的界限，即象征着生与死的界限。换句话说，我们想要成长，就必须接受每晚都要"死亡"。

我们还必须解构一种古老且幼稚的信念，这种信念旨在对抗死亡焦虑，它明确指出如果不想死就必须兴奋起来，始终保持活跃的状态，不停地运动、思考。对兴奋和运动的一贯向往是童年留下的痕迹，也是缓解死亡焦虑的特效药。有时我会在治疗过程中要求异常活跃的患者在一分钟内保持绝对安静的状态，并且不准思考除当下以外的其他事情。然后，我会要求他们向我描述刚刚那一分钟自己内心的感受，结果他们都说自己感受到了一种身体上的死亡。

显而易见，活跃、高效以及迅速的反应，通常是人们工作和生活中的制胜法宝，但是有一个前提：能够分辨动与静的界限——这个同样也象征着生与死的界限。否则，人们将无法安稳入睡，恢复精力。此外，对兴奋和运动的一贯向往只会导致自身的疲惫和损耗，也就是说，这与我们所追求的目标（活着）背道而驰，因为不管怎样，身体机能的衰退只会让我们离死亡更近一步。

因此，总是拒绝承认自身局限性是一种幼稚的做法，非但不能抵御存在性焦虑，反而只会让焦虑感变得更加强烈。这种做法只会增强自身的恐惧感，比如害怕失败，害怕辜负别人，害怕被拒绝，从而让自己变得更加活跃、更加紧绷、更加高效……确实，小的时候否认自身局限性可能行之有效，但长大以后便不再是这样，因为我们已经无法延迟做出自己的人生选择。现实不允许我们这样做，它会维护自己的权利。

还有一种童年恐惧，你可能也经历过：害怕独自睡觉。睡觉，其实就是重新回到更深的孤独之中，就是认清人与人之间在意识层面存在不可逾越的鸿沟。然而，如果我们拒绝承认人与人之间的基本界限，那么我们就会需要身边所爱之人的陪伴来让自己安心。这样一来，我们会（幻想）再次养成童年时期的旧习惯——和妈妈一起睡觉。如果妈妈不在身边的话（大多数人都会在成年以后与母亲分开），为了给自己营造出一种与他人融合的错觉，我们就需要拥有一个"过渡性客体"，它可以是我们的伴侣，我们的猫、狗，或者一个恋物对象……

你拥有"过渡性客体"吗？

"过渡性客体"是每个婴儿在某一时刻将其据为己有的一件小物品，通常是一个玩偶、一条手帕或一个柔软的普通物件。这个小物品有一些特别之处：它是孩子眼中的第一个"非我"物品，也是其可以行使权利的第一个物品。此时，孩子开始脱离和母亲的融合关系，他们终于不再混淆自己与周围的人和物，并且意识到个人及其改变世界的能力的局限性。

这个小物品对孩子而言非常重要，精神分析学家唐纳德·温尼科特（Donald Winnicott）[1] 将其命名为"过渡性客

---

[1] 唐纳德·温尼科特（1896-1971），英国儿童心理学家、精神分析学家。——译者注

体"，因为它可以陪伴孩子走向外部世界，同时又可以帮助孩子抵御因与亲人分离而引起的焦虑。

所谓的过渡性客体可以让孩子在相对安全的心理环境下成长。然后，孩子会慢慢学着舍弃自己的毛绒玩偶以及其他玩具。尽管如此，但如果我们仔细观察就会发现，过渡性客体并不会彻底消失。孩子长大成人以后，会让过渡性客体以其他物品的形式继续存在，换句话说，就是赋予这些物品一种神奇的力量，认为它能保护自己。成年人还会克制自己不去谈论过渡性客体或毛绒玩偶，而是谈论恋物对象或吉祥物。

因此，许多人会把旧的毛绒玩偶藏在自己的包里，摆在床上或房间的角落里，藏在壁橱里，挂在车内后视镜或钥匙扣上。有些人甚至会跟毛绒玩偶说话并赋予它思想和情感；他们觉得自己根本无法离开毛绒玩偶，就好像它们是人或宠物一样。不过，还有一些人，他们会收集这些物品，试图以这样的方式让自己安心……

你会胡吃海塞吗？

你是否觉得控制不了自己的欲望呢？也许你感到

自己完全成了食物的奴隶，无法抵抗大名鼎鼎的"盐油糖"三重诱惑。也许你尝试努力抵御诱惑，但却常常自欺欺人——虽然午餐只吃了一小份沙拉，可总是忍不住吃些别的东西，吃沙拉的好处很快就被盖过去了。我们常常认为自己是比较节制的，但说到底我们并不清楚自己的实际摄入量，所以，我们只好尽可能忽略这一点。特别是我们还要不停地同大大小小的"嘴馋时刻"作斗争，比如下午5点或晚上10点。人们认为晚上吃巧克力或蛋糕有助于排解情绪——很多人更喜欢一个人偷偷享用……其实，食物在某种程度上可以麻痹一些情绪，如悲伤、孤独、沮丧、烦恼、不安……因此，要是节食频繁地无效，我们就会总是在饮食过量和饮食不足之间摇摆不定。有些人会公开承认自己有胡吃海塞的需求和欲望，并且忠实地捍卫其所带来的价值，如欢乐、友谊、乐观的心态。有人曾经风趣地说道："我们买不到幸福，但是可以买到巧克力，而两者几乎是一样的。"因此，许多人决定让自己实现"吃饭自由"，表面上他们可以接受饮食过量和超重，但实际上他们却在默默承受这一切后果。特别是当他们的外表或健康开始发出提醒时，他们不得不承认其实自己做不到节制。

这样的人通常讨厌买菜和做饭，他们认为这些都是负担而且非常浪费时间。其实，他们现在的饮食方式与童年时期的饮食方式非常相似：他们希望饭菜可以即食而且分量（总是过于）充足，还习惯于吃完饭后说道："我又吃多了！"

我们总在和嘴与胃之间的矛盾作斗争。口腔的味觉永远比肠胃的感受更重要，所以我们常常无法判断应该在什么时候停止进食。更何况刺激口腔（例如吸奶嘴）其实就是构建自身的闭环，从而形成一个能保护自己、让自己有安全感的气泡。这就是为什么在体重达到相对较大的数值前，我们感觉不到自己在变胖，反而觉得自己在变瘦。

为什么这些行为可以表明一个人还不够成熟呢？因为饮食不节制是新生儿的特征！对于呱呱坠地的婴儿来说，最首要的一件事就是进食。这是一种非常有用的先天性反射，这种先天性反射在进化过程中的作用是让孩子尽快长大。这一点与孩子的生存能力，对外部侵袭、寒冷环境、病毒感染的抵抗能力以及满足人体生长需求的能力息息相关。我们要记住，新生儿如果体重不变则表明存在健康问题，如果体重下降则需要紧急诊治。

如果饮食不节制是作为成年人的我们每天都要面临的一个问题，那么这只能说明一件事：我们还没有长大，至少没有完全或充分长大。这种尽快长大的先天性反射本该在成长的过程中逐渐减弱并消失。但是，我们可能仍然存在这种反射行为，仿佛我们的人生本就如此。我们和孩子一样，靠吃东西排解焦虑，尤其是排解因死亡、分离、被抛弃以及孤独而产生的焦虑。[2]

你的心中有一个"小孩"吗？

你不害怕黑暗吗，你没有过渡性客体吗，你吃得很健康吗？暂且认为你符合上述情况吧。然而，正如我们所观察到的，许多童年时期的行为并不容易消失。更何况童年越让我们着迷，这些行为就越不容易消失。有时候我们觉得童年是积极的，因为它是一个无忧无虑、天真无邪的阶段，可有时候我们却觉得童年是消极的，因为它也可能是一个充满焦虑和悲伤的阶段。此外，社会呼吁我们培养自己心中的"小孩"，因为其被认为是创造性和自发性的来源；人们奉劝我们向周围的年轻主义低头，这样就能让自己接受某些儿童时期的行为。这方面的市场营销可能不无道理，因为众所周知，小孩子什么都想买……

说到这儿，你是否什么都想买呢？偶尔还是经常这样？你是否常常将衣服或鞋子塞进衣柜，却几乎从来不穿呢？你是否还有其他的冲动行为呢？你是否觉得自己好像无法控制情绪呢？你是否常常推延工作呢？你的生活是否总是一团糟呢？你是否在吃东西的时候到处掉渣呢？你是否总是撞到墙壁和家具呢？你是否因为一点小事就哭呢？简而言之，你是否感到有一股无法抗拒的力量偶尔在你的内心发挥作用，而你的意志力或注意力却无法与之抗衡呢？如果你身上存在这样的情况，那么是时候去探索这些行为背后的根源了。这些行为可以揭示出在我们身上存在着两种儿童特有的心理防御机制："融合式消除"和"英雄式全能"。

融合式消除

面对残酷且令人担忧的现实，孩子也许很早就有退缩并尝试自我消除的倾向。这种防御机制在某种程度上会持续到成年。为了应对自身的存在性焦虑(死亡、孤独、无意义、责任)，他们会尽力活在自己人生舞台的"幕后"。从此，他们将形成一种新的存在方式，其特点便是存在主义心理学上所说的"融合"。他们将寻求与他人融合并消除自身的个性。因此，他们将呈现出以下主要特征：

- 难以做出选择和决定；
- 需要他人代替自己做出决定并承担责任；
- 因为害怕失去他人的尊重而难以说"不"；
- 想要得到他人的认可；
- 对生活感到无力；
- 想要服务他人，哪怕牺牲自己的利益；
- 有情感依赖的倾向，害怕孤独，难以结束一段不满意的关系；
- 害怕分离和被抛弃；
- 缺乏自尊和自信，贬低自我；
- 感觉低人一等。

注意：即使你认为自己符合某条特征，也请千万不要仓促地得出结论。没有一个特征本身是病态的。就算是稳重且负责任的成年人也会不时地怀疑自己的优秀品质，担心亲人离开或者让他人替自己做决定。但是，如果你有某些一贯的行为符合以上多条特征，那么你基本上是在用融合式消除的方式克服成长的恐惧。因此，你会倾向于依赖别人，在别人面前把自己放在一个低人一等且被动的位置上。所以，别人看起来总是更成熟，更有能力，更负责任。我们会与其保持一种孩子和大人的依附关系，并常常设法将自己置于保护者的羽翼之下。

然而，即便是采取融合式消除这一机制的人，也会诉诸另一种截然不同的心理防御机制——英雄式全能。

英雄式全能

融合式消除确实能驱散焦虑，但其自身也可能是焦虑的来源。事实上，自我消除在一定程度上可能会导致对完全消逝的恐惧。因此，作为补偿，可能会出现一些不以消除局限性而以超越局限性为目的的行为。与其让自己融入大众，有些孩子宁愿通过超越甚至打破所有局限性来表现自我。我们可以观察到这样的孩子具有以下主要特征：

● 倾向于快速且冲动地做出草率的决定，不事先认真考虑后果；

● 想要承担那些超出自身本领和能力的责任；

● 过度看重自己，过度自尊；

● 倾向于希望他人为自己服务，不是作为帮手，而是作为"助手"；

● 幻想自我满足且希望独立自主；

● 倾向于将自己的观点强加于人并且希望成为关注的焦点；

● 倾向于认为自己高人一等或者比他人更成熟。

我们可以理解为什么此处使用"英雄"一词：因为英雄从一开始便是超越凡人的存在。我们很容易便能想象出，自认为是英雄的孩子会打破一切常规，对任何事物甚至他人都漠不关心，垄断所有的注意力，意识不到自己正在冒险。同样地，自认为是英雄的成年人也不觉得自己受限于人类自身的局限性，并且认为自己是无懈可击的；他们常常冲动行事，做出冒险的行为。与其他人相比，这样的成年人认为自己高人一等且具有优越性；他们表现得活力满满、雄心勃勃且精力充沛。他们想要成为焦点、领袖、支柱、先驱。他们觉得自己非常重要而且可以随时随地做自己想做的事。

融合式消除与英雄式全能的结合

融合式消除与英雄式全能这两类防御机制之间关系紧密，每个成年人身上都存在二者的各种特征。再强调一遍，我们没必要感到恐慌。更何况如果我们融入了社会，那么我们身上成年人的那一部分（可以设定界限的那一部分）显然能够或多或少地去调节这两大极端。根据不同的情况，我们会在这两大极端之间来回切换。首先，我们需要学会阅读表格，它将有助于我们在本书的剩余部分中更好地理解四大基本恐惧以及克服恐惧的方法。

但是我们并没有探索完那些童年时期遗留下来的事物……

害怕接受成年人的身体

排斥发育特征

对成长的恐惧表现为对身体发育特征的排斥和羞

耻。从青春期开始，我们便不时地因为一些身体的变化比如体毛增多、乳房发育、胯骨增宽、肌肉生长、体型变大而感到尴尬，还会因为性焦虑而感到窘迫。长大后的年轻人清楚地感到人们看待自己的眼光发生了变化。他们不再是孩童，但又还不是大人。不知不觉中，他们和父母产生了距离。他们认为自己在长大的同时背叛了一直以来作为孩子的这一身份，而且他们可能会终生抱有这种想法。他们甚至认为这种"背叛"（即成长这一事实本身）是导致与父母疏离的原因。父母也开始更加关心孩子们的私生活，有时还会因为孩子们的身体变化而感到局促不安。

因身体变化而产生的羞耻感与罪恶感在青春期十分常见，这些感受最终会有意识地以一种不显眼的方式持续存在。青少年会选择穿一些宽松或中性的服装，弱化自己的性别特征。对于化妆、高跟鞋以及那些展现纯粹或成熟的女性气质的服装，女孩们可能会表现出一丝反感。同样地，男孩们也会追求中性，喜欢实用或休闲的服装，而不是突显成熟的服装，比如领带、西装等。对于那些坦然接受自己身体发育成熟的人，大家可能会对他们表现出些许厌恶，但同时也夹杂着一丝迷恋。

采用英雄式全能这一机制克服成长恐惧的人，可能会展示自我或穿着凸显身材的服装。这样一来，他们便可以营造出一种接受身体发育特征的印象，甚至是一种喜欢展示自己裸体的印象。然而，和许多情况相同的患者一样，他们表示自己虽然在得意地展示着成熟性感的身材，但却感觉一点儿也不自在。这难道不是自相矛盾吗？其实并没有那么矛盾，因为展示身材不仅带来了名誉，也更好地掩盖了自我排斥的秘密。他们甚至通过一段极度做作且幼稚的色情演出来展示自我，而这近乎于在嘲笑自己的身材，同时也意味着身材其实并不重要，我们只有轻视身材，才能更好地玩弄身材。事实上，他们真正展示的并不是成年人的身体，而是孩子的身体。因为孩子的身体还未获得性投入，因为孩子的身体还没有发育成熟，所以他们外表下的成熟性感根本无法构成真正意义上的诱惑，他们只不过是在挑战或反抗小时候爱暴露身体的习惯。

与其长大倒不如变胖或变瘦

有一些人用另一种方式来排斥成年人的身体，这种方式与掩盖或展示身材一样常见。在青春期时，有些人幻想抑制自己的成长，因为他们本能地认为成长就是死亡。虽然他们无法直接抑制自己的生理发育，但他们还有另一种方法可供使用：他们可以变胖而不是长大。增加的体重和圆润的身材会自然而然地掩盖他们性成熟的迹象，从而使他们看起来更像儿童。因此，变胖的先天性反射被人们加以利用并强化，与此同时，饮食也成了一种真正的困扰。

相当讽刺的是，父母认为这种困扰的出现是因为青少年正在成长，可事实上他们正在努力阻碍自己成长……

对身体发育的焦虑还可能会引发极端的饮食限制行为，因为一些人总觉得自己太胖或者太臃肿。内心始终像孩子一样的人会排斥主观认为不属于自己的身体。因此，融合式消除（失去控制、拒绝负责、放弃）所对应的暴食症或食欲过盛与英雄式全能（想要过度控制、幻想自我满足、幻想成熟）所对应的厌食症或健康食品痴迷症[1]可能会交替出现。童年时期的两种发展趋势（变胖和变瘦）之间的共同点是，整个人同时被麻痹、被否定。从某一刻开始，我们不再欣赏自己的身体，不再走进自己的身体，甚至感知不到自己的身体。除了食物所带来的各种感受以外，其他积极或消极的身体感觉都被我们忽略了。

慢慢地，身体真的消失在了我们的视野里——接着，它被禁止出现在照片或镜子中，随后它便彻底消失，这一切最终导致了肉体与精神的分离。"身体只是一个拖着我的脑袋四处行走的玩意儿。"一位因身体超重而感到生气的女士向我说道。她丝毫没有料到，自己对身体的排斥，既可能是导致超重的一个主要因素，也正好是造成她难以成熟的一个重要原因。

拒绝定义自己

事实上，对身体的排斥会让我们难以自我认同为

---

[1] 健康食品痴迷症：是一种饮食障碍，表现为对健康食品的过度痴迷，从而导致因营养素缺乏造成的营养不良，甚至引发厌食症和社会孤立。该疾病尚未被纳入任何国际精神障碍分类系统，如ICD-10。

"男人"或"女人",甚至无法完成自我认同。比如,你是否能说出这样的话"我是一个男人"或"我是一个女人"?这样的话之所以让你感到不自在,甚至你也根本不相信,是因为你还没有完全脱离童年。

我在治疗中谈到这个问题时,患者们经常回答我说,"男人"或"女人"这样的词对他们并不适用。他们似乎无法理解这些身份。他们更愿意将自己定义为"男孩"或"女孩",甚至是"人"或"人类"。那么究竟什么是男人或女人呢?难道每个人不能根据自己的性格和喜好并以自己的方式去定义自己的身份吗?难道一定要强迫自己代入某个身份吗?我敢回答"的确是这样的"。准确来说是因为成年人的身份是将男人和女人与孩子区分开来的依据,而且认识到自身局限性的成年人可以通过与孩子保持对立并脱离童年来实现自我分类与自我定义。要做到这一切其实并不容易。

一位年近六旬的著名律师曾对我说:"我非常依赖自己可爱的特性。"从外表上看,他具备成为一个负责任且成熟的职场男性的所有条件,而且他在事业上也非常成功。但是，他明确表示他并不觉得自己是一个"男人"。况且，他清楚地意识到，自己在漫漫人生中已经养成了许多孩子般的性格特点，比如可爱、善良、爱笑、有趣、友好、包容，等等。和他一样，许多女性也自称她们在"可爱"这方面天赋异禀。她们所要做的就是展现出自己矜持、谨慎、友好、热心的一面，并且自愿为别人提供一些帮助、建议和安慰，甚至是一些"笑料"。

从英雄式全能的角度来看，这些人常常会觉得自己被赋予了一种使命，要让身边的朋友或同事们充满活力，并且试图成为大家关注的焦点；他们会扮演舞台上的小丑，有时会将气氛推向高潮，他们还喜欢讲黑色幽默或者开一些不合时宜的玩笑，他们清楚地知道自己可以被原谅，因为人们允许孩子做任何事情……

但是，如果这些人不顾一切想要按照自己的方式去生活，那么我们会想，这又有什么问题呢？

他们的确很好地融入了社会，教育孩子、挣钱养家……但是有时候在其他方面情况非常糟糕。他们从未获得过自己向往的内心平静或从容。他们仍旧害怕，害怕被抛弃，害怕自己不够重要，害怕无聊，害怕找不到生活的意义……事实证明，拒绝长大需要付出巨大的代价，而且还会在许多方面都存在不足，比如，关于性的方面。

性恐惧

"在父母看来，作为女人，我应该感到羞愧。"一位45岁的女士这样告诉我。她想表达的意思是：作为一名可能有性生活的成年女性，自己应该感到羞愧。她认为，如果父母知道自己不再是他们纯洁的宝贝女儿的话，他们会觉得因此受到了侮辱。不过，他们应该早就猜到了，更何况他们的女儿还是两个孩子的母亲……

成长意味着失去纯真，我们无法阻止这一切。然而，即使我们最终明白性到底是怎么回事，我们可能仍然会对性关系中密切的利害关系存在较深的误解。和孩子一样，我们可能也会因为恐惧、羞愧和罪恶感而倍受折磨。

没有性的诱惑

拒绝长大的成年人，他们的理想是保持纯真、孩子气的诱惑。这些有魅力的男性或女性总是忍不住想要恋爱，但却并不打算真正进入一段感情。对于他们而言，只要有人喜欢、欣赏、钟情或者觊觎自己就足够了。他们像充满活力且快乐的孩子一样吸引着身边的人。他们展现出友善、开朗、亲切的一面。他们勇敢地迈出第一步，又突然退出恋爱游戏，只给对方留下虚无缥缈的希望。这并不是因为他们对两性关系不感兴趣，而是因为他们对此过于恐惧，以至于不敢让自己深陷其中。每当他们体验性生活的时候，他们无法从中获得特殊的满足感。

一位30多岁名叫阿德里亚娜[1]的女士，她如同孩子般活力满满、精力充沛。她私下里告诉我，自己总是忍不住去吸引朋友、同事，但从未坚持到底。这对她来说十分容易，因为她拥有一副姣好的面容。虽然她已经

---

[1] 本书中引证的所有临床病例均已匿名化处理，所有名字均为化名。

结婚而且有两个年幼的孩子，但她却总是陷入一种棘手的境地。她偷偷地和潜在的追求者发短信交流，然后又设法躲避他们。她从未背叛过她的丈夫，因为这并不是她的目的。对她来说，吸引别人已经满足了，其余的事情她都不感兴趣。由此，她暴露出自己对感情的贪婪，对他人眼光的依赖，对拒绝的恐惧。她在很小的时候就曾感受过这种恐惧，而且这种恐惧感从未离开。她的行为举止完全就像一个被父母忽视的小女孩。

"无论如何，我已经舍弃了男子气概，因为我对此并不感兴趣。"一位46岁名叫查理的男士这样告诉我。他留着胡子，抽着雪茄，看上去威风凛凛，对自己的性取向毫不含糊。他虽然穿着精致的西装三件套，但是内心却住着一个小男孩。

他的故事不仅让人感到惊讶，还充分说明了一些人是如何拒绝成年人这一身份的。大概在18岁时，查理的激素水平出现了问题，导致他的乳房发育异常。从那以后的27年间，他从未在任何人面前脱过衣服。他说增重是为了让自己的外形变得更加"匀称"。他还拒绝前往泳池和大海。他曾认识了一个女人并养成了和她穿着衬衫做爱的习惯，但是他们之间的性关系很快就结束了。这件事已经过去十多年了，他丝毫没有受到影响。查理很受大家的喜爱，他也很高兴可以成为大家理想的朋友，同时因为善良和助人为乐的品质而受到大家的爱戴。他喜欢吸引那些自己遇到的女性，然后又很快地结束这段关系。

我们可以认为这位男士的外表问题——即乳房发育异常，导致了他这样的经历。但不管怎样，这都是他自己的说法，只不过这些说法根本站不住脚。事实上，他明知手术可以解决这个问题，而且手术的难度相对而言不算高，为什么他不在18岁以后接受手术呢？可能是因为这样他就能以此为借口，理所当然地拒绝长大吧。查理成功地将自己伪装成一个成年人，几乎接受了成年人的所有特征和规范，这让他在职场中获得了成功，但是在他的内心深处，仍旧住着一个小男孩。因此，他的身体异常是一个积极因素而非消极因素。正如他所说的那样，身体异常让他"舍弃了男子气概"，其实换句话说就是让他舍弃了成年人的特征。

为此，他也付出了巨大的代价。事实上，害怕被抛弃令查理饱受折磨；他反复出现焦虑症与各种不适，因此他不得不经常打电话求助消防员。他一直活在对心脏病发作和猝死的恐惧之中。

无意识性行为

性恐惧与年龄或经历无关。每个年龄段都有很多人存在频繁、自愿的性行为，但是过程有些艰辛，而且他们认为过程中的痛苦或多或少是必要的。如果我们像十来岁的孩子一样活着，那么只会被成年人渴望的目光所吓倒，因为我们几乎不了解成年人。我们已经讲过，拒绝长大会导致我们排斥、贬低，甚至否认自己的身体，它只会被看作是某种尴尬的存在或者肮脏可耻的东西，而不是与自己或他人融洽相处的手段。因此，拒绝长大的人首先期待的是人与人之间的温情，他们往往不需要实际的性关系。

要想理解性关系，就得先理解他异性这一概念。他异性中的"他"，既不能被视为他者，也不能被视为与自己完全不同的人。"他"其实并不是真实存在的人，就像一位女患者说的那样，顶多算是一个"用双手在守护我们"的身影。它不过是一种让人安心且具有保护作用的存在；它当然不能提供一个可以体验真实的主体间相遇的机会。

正是因为这样，有些人觉得在做爱之前有必要转换自己的意识。他们认为必须喝酒或使用娱乐性药物。因此，他们毫不费力地就达到了融合式消除的效果，即让部分的自我消失。得益于此，他们可以轻易地否认(在他们自己看来)已经发生的事情。他们可能还会"做爱"，但是他们坚信自己并不是真的在做爱，也不是故意的。甚至，有些人会以假性强奸的方式去理解性关系。他们会想方设法让自己处于被他人意志所引导而非强迫的状态。他们故意让自己深陷其中，好像一副无能为力的样子，由此便可拒绝承担所有的责任[1]。

至于那些能够体验性生活且思想完全独立的人，他们经常花时间去控制自己的行为并询问自己"这样做是否正确"；他们关心对方是否满意，为对方服务，完

---

[1] 此处显然不存在对一般强奸事实的否认。在本人提及的所有临床病例中，当事人（男性或女性）既没有排斥性生活，也没有表达拒绝：只是尽力避免承担相应的责任。

全忽视自己的欲望或感受；或者他们几乎呆滞地盯着天花板，只能从中获得深深的羞耻、孤独以及空虚感。

有些人以这样的方式生活了多年，最后在治疗期间意识到，其实他们从未有过真正的性经历，因为他们不理解什么是与他人的关系。他们也不理解什么是他异性，因为如果不存在他异性，我们就无法走进成年人的性生活。如何简单直白地解释这一点呢？我想到了一个比喻：大家都知道自己没法挠自己的痒痒。只有别人挠你，你身上才会有痒感。性关系亦是如此：为了感受它的魔力与神秘，我们必须要意识到自己与他人的根本区别。那些没有脱离童年，还在运用融合式消除或英雄式全能机制的成年人，他们是无法做到这一点的。

过度性行为

为了能够"正确地做爱"，有时候患者会向我询问一些技巧性建议，比如接吻时头偏向的角度；正常情况下人们感受到的快感强度；在某个特定时刻应该做出的手势……我告诉他们，自己完全没有能力就这些问题给出建议，但我还是可以这样启发他们：当你想吃巧克力蛋糕并且准备吃的时候，你一定不想知道自己要从哪个角度咬下去，或者有没有吃蛋糕的特定姿势。你一边吃蛋糕，一边自由地发泄你的欲望和自发的冲动……

然而，这正是问题所在：这些患者不能将他人视为他者，所以不可能有真实的欲望，只会有恐惧：害怕辜负别人，害怕被拒绝。正是因为这样，那些如同全能英雄般行事的人，即使不走进真正的成人性生活，也可以增加自己的阅历。为了追求"英雄般的身体"，他们执着于性生活中自己的表现、次数、时长、精力以及完美程度。他们无意地保持冷漠的眼神，机械的行为使得他们只能从中获得纯粹的肉体愉悦，缺乏幻想带来的额外感受。人与人之间的相遇以及短暂且奇妙的融合，所有的不可思议总是那么遥不可及。

不稳定的欲望和性取向

有时候我们会想自己的性取向是否已经固定。也许我们会有疑虑；不确定的想法在我们的脑海里闪过，因为我们对自己的性取向并不是十分了解。例如，一位自称是异性恋的女患者偶尔会想起她最好的女性朋友，想着也许和这位女性朋友在一起要好过和男人在一起。她觉得男人实在太难理解……

和这位年轻女性一样，有些人也会犹豫不决。但是仔细思考过后，他们仍旧无法确定这是否关乎两性关系。对拒绝长大的人来说，被同性朋友吸引并不属于性吸引的范畴，恰恰相反，这是对性欲的消除或逃避。童年其实是一种相对无差别的状态，此时性取向这一概念本身不具有任何意义。当然，在孩子身上存在一种性欲的特殊形式，而这与成年人所谓的性欲毫无关系。这是一种只以自我为中心的性欲，与其他人无关。通常来说，对同性朋友的假想吸引以及性取向的摇摆不定都与同性恋无关，而与不成熟的表现有一定的关系。在不成熟的年龄阶段，男孩和女孩互相觉得对方"一无是处"，所以大家都更愿意和同性朋友一起玩[1]。在犹豫中不停挣扎的成年人可能会焦虑地问自己，这样究竟是否正常……

---

[1] 这并不表示同性恋或其他性取向必定是不成熟的问题。此处只涉及在拒绝长大的范围内的部分特殊情况。

害怕生病

疑病症与害怕疾病

严格意义上来说，疑病症较为罕见（占就诊人数的3%）。根据诊断手册，疑病症的特征是过度害怕生病或害怕患有某种严重的疾病，以及对身体出现的某些症状持续过度担忧。患者即使反复体检，也无法消除焦虑情绪，其日常生活也因此受到严重干扰。

许多人并不是严格意义上的疑病症患者，而是害怕身体可能出现某种疾病、被微生物侵袭或者出现紊乱。但是和恐惧症患者一样，他们会躲避任何能让自己联想到医学的事物，尽力让自己始终保持安心，避免和他人握手，在街上与他人擦肩而过时屏住呼吸，增加看医生的次数，躺下时仔细听自己的心跳声，等等。哪怕是最细微的异常体征、最轻微的身体疼痛以及最无关紧要的脓包都会引发他们严重的焦虑情绪。

这种过度的恐惧通常出现在青春期末期或成年早期。它标志着无忧无虑的生活以及与父母的融合关系的结束。年轻的成年人突然意识到要对自己的生活负责。

在此之前，父母承担了这一责任，因此，他们就好像住在父母的身体里一样(这便是融合的原理)，只有父母的去世才能让他们对死亡感到恐惧。然而，走进成年人的生活在某种程度上迫使我们必须意识到自己的责任，因为离开家庭这个小窝的行为就好比第二次出生，或者我们也可以称之为第二次"驱逐"(指代婴儿出生)。一直以来，我们都不愿意接受自己成年人的身体，不过，在这一次"驱逐"时，我们的身体出现在了自己的面前。我们探索自己的身体，同时发现了它的根本弱点。就这样，我们对死亡的否认破灭了，哪怕是身体上出现的小毛病似乎都能证明我们将要死去。然而，这只是一种纯粹的幻想，许多人都被骗了。德国著名哲学家伊曼努尔·康德，其本人终身患有疑病症，总是担心自己的健康并寻求保持健康的方法。可见，即便是天才也会有许多不成熟的表现……

那么这是一种什么样的幻想呢？幻想着死亡即将到来，只不过这种幻想是真实且可靠的。我们都清楚这一点，但我们想要忘记。当我们还在为此感到震惊的时候，突然看到了死亡的特写镜头，但却忽视了死亡还很遥远的事实。实际上，我们都明白死亡就在我们的体内，是我们自身的一部分，我们无法逃避死亡，只能延缓死亡。可以说我们再次体会到了一种基本的不安全感，如同新生儿刚从母亲体内分娩出来时一样。我们像婴儿一样感到孤独又无助，无法让自己安心。因此，我们必须构建适用于这一新状况的心理防御机制。有几种解决方法可供选择：我们可以在融合关系中寻求庇护，或者正好相反，我们可以养成一种英雄般的意志，认为自己无懈可击。再者，我们还可以产生一种幻想，认为在某些情况下，疾病本身便可以保护我们远离对死亡、孤独以及责任的焦虑。

渴望生病

生病有许多好处或者"次要利益"。所有心理医生都曾听到患者坦白自己私密的欲望，他们渴望生病，渴望得癌症或发生严重的意外，渴望再次住院。如何解释人们会有这样的欲望呢？因为生病以后别人会关心你，照顾你，体谅你；你可以免去日常生活中的责任；你会得到他人的服务与呵护，从而感到心安。你可以通过动员你的父母、朋友以及那些多少有点幼稚的医护人员，在你的周围形成一个"保护性的泡泡"。因为他们必须得帮助你走动或上厕所，监督你的饮食、睡眠和身体状况，以及满足你的欲望。总之，躺在病床上的你会觉得自己处于成年人生活的边缘，确切地说，仿佛自己重新回到了无忧无虑的童年。

生病代表着有机会被动地接受他人的同情（融合的幻想），也可以赋予自己英勇幸存者的光环（全能的幻想），还可以让自己成为关注的焦点（重要性的幻想）。

然而，我们不太会为了获得这种满足感而去伤害自己。通常，我们最多只会夸大自己的症状和疼痛，以此获得他人的同情（在不得已的情况下，"全能英雄"有时也会轻率地冒险，而这样会在无意之中导致意外的发生）。我们还会出现各种所谓的身心症状，尽管这些症状很痛苦或者非常不舒服，但都不算严重：比如慢性腰背痛、便秘、腹泻、银屑病、湿疹、鼻炎、高血压、心动过速、溃疡、炎症、恶心[1]

---

[1] 需要指出的是，所有这些疾病都是多因素共同引起的，除了心理因素以外，还有生理因素、社会因素以及环境因素。

等。不知不觉中，这让我们与许多人都保持着密切的联系，他们可能是医生、心理学家，也可能是专家或护理人员。对于难以长大的成年人来说，这些人充当了父母的角色。

我想起一位80多岁的患者，他一生饱受病痛的折磨。他说自己的母亲曾"禁止自己保持健康"。因为热衷于顺势疗法，他的母亲把时间都花在了为他治疗各种疾病上。在其母亲死后不久，作为一个听话的儿子，这位患者继续使用顺势疗法，但是他没有一天是消停的，一会儿这里长了个痘痘，一会儿有些轻微咳嗽，一会儿红肿得令人担忧，一会儿又疼得莫名其妙。结果，他花了一大笔钱请来各科医生为他治疗，唯一的（无意识的）目的便是继续做一个被人照顾的孩子。尽管他生活得很不错，但是他一辈子都活在恐惧之中。

另一种把生病作为工具来使用的方法，虽然常见但更为巧妙，其表现为拒绝治疗，或者更确切地说是不注意自己的身体，忽视自己的健康。当然，这意味着推卸责任并且想要一直做"父母的孩子"。

害怕独立于父母

我永远不会忘记在一次治疗过程中听到患者这样回答我:"我经常给妈妈打电话确认自己是否安好。"

对于拒绝长大的人来说,无论是和父母经常在一起还是很少见面,想要独立于父母的困难都是无法逃避的。我们与父母的关系一直都很牢靠,所以父母给予我们的教育对我们自主能力的发展起着重要的作用。

注意:此处并不是要指责父母,也不是要用教育的风险和缺陷来解释拒绝长大的现象。虽然大多数父母可能会好心办坏事,但是他们都会尽力做到最好。正如克里斯蒂安·博班(Christian Bobin)[1]所写,"我的上帝啊,无论是最坚强的父母还是最脆弱的父母,无论是谁,父母真的都在尽其所能。所有的父母其实都是脆弱的。"

对于孩子而言,他们的成长过程总是伴随着自身

---

[1] 克里斯蒂安·博班(1951-),法国作家、诗人。——译者注

的焦虑和心理防御机制。这些防御机制会逐渐阻碍他们的成长并抑制自我表现的需求。例如，听话便是其中一种防御机制，它可以带来一定的心理安全感，因为我们不需要做出选择，也不需要承担责任。但是所有的防御机制在起到保护作用的同时，也会起到限制作用。因此，对于任何追求成长与发展的人来说，注意到父母的禁令是有好处的，因为这些禁令会让自己停留在童年阶段。

父母的禁令

我们可以违抗父母到什么地步呢？

教育很大程度上是由禁令构成的。孩子必须服从——这样可以保障孩子的安全与成长。有些命令非常实用，我们也都耳熟能详，比如"不要把手伸进插座""不要把头伸出窗外"，等等。但是我们却很少注意到那些表达不够明确且被孩子无意识整合了的命令，这一切都是有原因的。许多命令都会持续到成年，而且往往会让孩子对父母产生依赖。

其中一项命令就是必须维持家庭凝聚力及其层级

结构：我们必须保持团结，并且一致认为发号施令的人是父母。我们可以用简洁的方式来表达这一命令："家庭至上"。

对于孩子而言，他们自然很难去质疑这样一句格言。这是一个有关家庭忠诚的问题：一旦出生，不管我们是否愿意，我们都应该明白，对我们的亲人和那些保护我们并让我们成长的人（即使是虐待我们的人），我们是有所亏欠的。这种亏欠是通过向其他家庭成员提供尽可能的支持和帮助来偿还的。然而，孩子也有义务去维持家庭团结，换句话说，他们永远都不能摆脱父母的权威，哪怕已经长大成人。尊重长辈意味着父母总是占有崇高的地位，他们的道德原则总是凌驾于孩子的道德原则之上。当然，这一切通常都有助于让已经成年的孩子保持"父母的孩子"这一身份。有些人往往非常喜欢这种不对等关系，在这样的关系中，他们因拒绝长大而感到满足。其他人则会试图通过保持距离或反抗的方式来摆脱这种关系，但总是不可避免地受到父母的影响。倘若是"有毒"的父母，那就更加无法避免这种影响了。

"有毒"的父母

"有毒"这个词虽然很流行，但是没有明确的含义。此处的"有毒"表示一些父母有意或无意的行为可能毒害了孩子的人生。确切地说，我们关注的是那些已经或正在使自己的孩子无法获得解放或独立自主的父母——即使他们这样做是出于好意。

有些父母其实自己都未成功接受成年人的身份。因此，他们面对孩子就会表现得笨拙、冷淡、专制，却又与孩子形影不离。他们可能缺乏时间和同理心，也可能很难表达自己的情绪并控制自己的愤怒，还可能在口头和身体上有暴力倾向。

根据心理学家有关家庭的研究成果，我们知道这些父母往往会将一些极其负面的命令强加在孩子身上。比如，孩子应该接受自己不被重视。对孩子来说，这意味着他们不应该打扰或妨碍别人——他们甚至不应该存在。当然，他们也不能质疑父母的原则。所以，他们必须尽力去贴合父母为他们设定的模板人生，也就无法发展自己的个性。在这样的条件下，他们得不到任何的信任与鼓励，有时甚至感受不到被爱。他们总是被警告不要独自行动，因为那样很危险。他们可能会被排斥、被拒绝、被贬低，有时会被父母虚假的爱压得喘不过气来。就这样，他们维持在了一种被动且依赖的状态。

然而，没有什么事情是简单的，这一切都有可能变得极其复杂且矛盾。比如，被认为不应该存在的孩子却可能被赋予沉重的责任。意志消沉或依赖性强的父母会要求孩子帮助其走出消沉，让孩子充当自己的"创可贴"，甚至让孩子代替自己担负起家庭的责任。这样一来，父母对孩子的期待超出了孩子的能力范围，压得孩子喘不过气来，而孩子的功劳却永远得不到认可。孩子总是必须要顺从、支持、牺牲自我并放弃自我，更糟糕的是，他们必须对父母表示感谢！

也许你会在以下描述中看到自己的影子。你的父母可能总是意志消沉，一直以来你都必须赡养、容忍、帮助他们，而且你无法脱离他们去过自己的人生；你也可能和这样的父母生活在一起，他们藐视你、贬低你，没有给予你足够的尊重。[3]你还可能在一个看似平衡且"幸福"的家庭中长大，但是你仍然觉得这个家庭对你实施了一定的控制。

我们将所有具有高度毒性的家庭简单分为两类：融合式家庭与英雄式家庭。在第一种家庭，即融合式家庭中，家庭团结这一命令最终会将孩子困在一种无形的泡沫之中，而且孩子很难从泡沫里走出来。孩子会被灌输这样的思想：他们不应该建立除家庭以外的其他重要关系。他们还应该遵守一项公开原则，即同意没有任何隐私与个人生活。

在英雄式家庭中，孩子则会被迫变得过于个性化并且尽可能远离家庭。家庭成员之间的关系通常都很疏远，父母（或其中一方）的态度可能近乎于冷漠，甚至蔑视。然而，父母会以潜在的方式树立良好的榜样，甚至是无法超越的榜样，可是这样做让孩子面对自己所谓的（且无法克服的）缺点，容易压抑。

有的家庭可能是这两类家庭的混合，或者是其中一种家庭的变异，父母的性格和经历不同，也就会出现无数种不同的家庭情况：例如，有的母亲嫉妒自己的女儿，不停地拿自己与女儿比较，穿她的衣服，干涉她交友，当她离开自己时让她产生负疚感；父母有乱伦倾向[1]，没有任何廉耻之心，还会露骨地讲述他们的性爱经历；母亲会毫不犹豫地用言语贬低自己的儿子，然后又送他礼物，试图控制他；父亲认为自己在和孩子竞争，所以不放过任何机会来显示自己的优越感；养母会逼着女儿吃饭，然后又指责她身体超重；抑郁且有自杀倾向的父亲会让他的孩子对自己的人生负责；父母要求每周给他们打好多次电话，还强制要求每周日去看望他们……类似的例子数不胜数：身心的暴力与伤害，令人窒息的爱意，家族的崇拜，情感的依赖……

害怕违抗命令

违抗命令似乎很容易就能做到，只需要等到合适的时机即可。所有的孩子都会有不听话的时候，成年人也一样，他们继续偷偷地做着父母不允许他们做的事情，比如抽烟或喝酒。尽管他们已经40多岁了，但是他们仍然无法在父母面前承认做过这些事。如果他们

---

[1] "乱伦倾向"的概念由精神分析学家保罗－克劳德·拉卡米尔（Paul-Claude Racamier）提出，是一种带有乱伦征兆却没有实际乱伦行为的心理气氛。有时也被称为"精神乱伦"。

自认为这些小秘密并不重要，那么他们真的就大错特错了。事实证明，他们害怕顶撞父母，害怕让他们失望或伤心。他们没法质疑父母的权威。最终，他们成了痛苦的创造者，因为在坚持服从和隐瞒的过程中，他们实际上在阻止自己成为真正的自己。

我们再来看看这个例子当中的父母。尽管他们的孩子已经成年许久，但是他们仍然知道孩子的银行账户的密码。他们知道密码主要是为了给孩子存钱，但同时也可以对孩子进行监督。他们还可以通过其他方式来维护自己的权威，比如强调要忠于家庭，或者提供资金、帮助、建议以及服务。这些便是可以控制长大成人的孩子的"万能遥控"。为了换取父母的关心，孩子必须听父母的话。

你的父母知道你的账户密码吗？他们有你家的钥匙吗？他们会不提前通知就来你家吗？他们会批评你的生活方式吗？他们是否常常替你决定哪些东西对你的孩子有好处或有坏处？他们是否必须知道你在哪里、在做什么？你要知道，服从和听话通常表明，当你和朋友或同事谈论你的父母时，你说的并不是"我爸"或"我妈"而是"爸爸"或"妈妈"。

我经常建议相关患者去从父母手中夺回权力。想要做到这一点其实并不容易，因为我们会不可避免地觉得自己在背叛他们。我们会觉得内疚、伤心，认为自己忘恩负义。更不用说有些人还非常喜欢这种依赖状态，因为他们要依靠父母去承担自己的责任。他们在采取行动之前会请求父母的确认和许可；他们还在使用父母给自己取的小名"鹿鹿""崽崽"等。这样一来，他们便同意保持孩子的身份。然而，从心理学的角度看，这种身份之所以令人安心，是因为可以让他们免于面对成年人的生活，也迫使他们要追随父母并寻求自己从未获得的认可。

父母在我们的心里

为什么他们从未获得过父母的认可呢？因为实际上，他们期待父母来宣布他们成年的事实，并给予他们成年人应有的尊重与信任。然而，成年人的身份不是靠乞讨得来的，它不需要获得任何人的批准。这一身份已经被人们所接受，得到父母的认可只是锦上添花。我们只有走出家庭去过自己的生活，才能真正获得这一身份。如果我们期待从父母那里获得成年人的身份，那么我们实际上仍旧在依赖他们。有些患者认为，只要等到父母去世，我们就能最终获得自由。然而事实并非如此。即使父母住在离我们很远的地方或者父母已经去世，我们也并不能摆脱他们的控制，因为父母还在我们的心里。明白这一点才是走出童年的关键所在。

心理治疗：走出童年

在阅读的过程中，我们可能已经注意到，自己内心当中童年部分的存在比我们一开始所认为的更为重要，可我们不必为此感到苦恼。恰恰相反：能意识到它的存在已经是一种成功。此外，我们要知道这就是大多数人（包括心理学家）的命运。我们再回顾一遍这句话：世界上不存在真正的成年人。我们都在奋力前行，但关键在于我们要知道如何走上通往成年的道路。为了走出童年并克服我们的恐惧，我们具体应该做些什么呢？

依恋理论概述

首先,我们有必要简单了解一下依恋理论,该理论从根本上解释了个体如何在一生中构建自己的社会关系。

依恋理论由英国精神病学家约翰·鲍比 (John Bowlby) [1] 提出。他证实了婴儿存在一种基本的初始需求:在面对压力或危险时会求助他人,并与他人展开安全的社交互动。在此我们要明确一点,依恋与情感问题或恋爱问题无关——它只关乎于安全和生存。两位领域内的专家妮可·盖德尼 (Nicole Guédeney) [2] 和安托万·盖德尼 (Antoine Guédeney) [3] 曾这样写道:"依恋系统的目的是当婴儿表现出恐慌或苦恼时与依恋对象建立物理接触。"[4] 对孩子来说,他们身边的人(父母等)就相当于所谓的"安全基地"。这种安全基地"意味着我们相信在必要的时候

---

[1] 约翰·鲍比(1907—1990),英国心理学家、精神病学家、精神分析学家。——译者注
[2] 妮可·盖德尼(1956—),法国儿童精神科医生,医学博士。——译者注
[3] 安托万·盖德尼(1953—),法国儿童精神科医生,巴黎西岱大学教授,医学博士。——译者注

可以获得依恋对象的支持与保护"[5]。孩子可以离开安全基地去探索周围环境,也可以在危险、疲劳或焦虑时返回安全基地。不过,根据父母的性格,每个孩子都会在安全基地中形成某种特定的生活方式,主要包括三种类型。

一项著名实验确定了依恋关系的三种类型。该实验被称为"陌生情境实验",由发展心理学家玛丽·安斯沃斯(Mary Ainsworth)[1]设计。该实验将12个月大的婴儿及其母亲置于多种情境中:他们一开始待在同一个房间内,婴儿正在玩耍;一个陌生成年人走进房间并与母亲交谈,接着对婴儿产生兴趣;母亲离开房间,留下婴儿独自与陌生人待在房间内;母亲在短时间内又返回房间。

通过观察婴儿在这一系列情境中表现出的行为,玛丽·安斯沃斯确定了依恋关系的三种主要类型:

● **安全型依恋:** 是孩子与母亲之间最理想的关系;当母亲离开房间时,孩子会哭着寻找母亲,但同时又表

---

[1] 玛丽·安斯沃斯(1913-1999),美国发展心理学家。——译者注

现得十分活跃，很愿意探索自己所处的地方；当母亲回到房间时，孩子很高兴可以再次见到母亲。孩子很容易得到安抚，并且很快就可以恢复平静。成年以后，这一类孩子可以轻松地交到自己的朋友，而其他类型的孩子却难以做到。

● **不安全型依恋** (焦虑-抗拒型)：当母亲离开房间时，孩子表现得十分难过。当母亲回来后，孩子在高兴和生气这两种状态之间摇摆不定。由此，孩子表现出对这一关系的不信任。我们经常看到，这一类孩子的父母要么过度保护孩子，要么对孩子漠不关心。孩子长大以后往往会表现出矛盾心理，交替出现吸引性和攻击性的状态，而且经常感到孤独。

● **不安全型依恋** (回避型)：母亲离开时，孩子似乎无动于衷；母亲回来后，孩子仍旧无动于衷。这样的孩子会抑制自己的情绪，表现出疏离的状态。在日常生活中，孩子经常受到父母的冷落，缺乏父母的关注或者受到嘲笑，等等。在随后的成长过程中，这一类孩子往往会将父母理想化，并且很难与他人建立联系，对情感关系也几乎没有任何兴趣。

你是否属于以上三种类型呢？事实上，成年后的关系构建方式与童年时期的依恋类型密切相关。因此，如果我们身上还保留着童年的特质，那么这种关系构建方式便会根深蒂固。我们究竟能否摆脱这种构建方式，还是说我们注定终身要维持同一种依恋类型呢？想要回答这个问题，我们必须引入"安全基地"这一概念。

"安全基地"的概念

正如之前所说，孩子依恋的对象主要是父母，父母代表了安全基地。在这一安全基地中（可以想象成围绕在父母身边的圆圈或围墙），孩子得以长大。原则上，孩子会学着慢慢走出安全基地，离开父母去发现世界。父母也会鼓励孩子走出基地，和同学们保持联系，建立多元化的人际关系，逐渐可以忍受长时间的分离，变得独立自主，敢于探索世界。孩子一旦感到焦虑，便可以回到安全基地。

我们大致明白，成长意味着可以逐渐远离初始的安全基地，最终完全脱离安全基地。

然而，即使许多父母满怀诚意地督促孩子离开安全基地，他们的命令也可能会阻碍孩子的解放。隐性命令就像一个看不见的泡沫，它会阻碍孩子变得独立自主。

还有一点：我们要知道每个人的内心都承载着这种安全基地，它是每个人心灵的一部分。我们要记住，父母就在我们的"心里"，他们的命令内化在我们的心中，而我们却选择盲目服从。这就是为什么我们往往会把自己的内心禁锢在童年时期。比如，我们仍在使用父母给我们取的小名；我们还经常回到父母家，有时是为了参观自己年少时期如同"博物馆般的房间"；我们还会将成长时期的原生家庭理想化。因此，我们需要一点洞察力去探索如何继续生活在从前的安全基地中。

病例：阿丽亚娜——安全基地的囚徒

47岁的阿丽亚娜，感情生活一片混乱。虽然她恋爱经历丰富，但却从未有过一段稳定的关系。她说自己心烦意乱，被焦虑症折磨，大多数时间都在哭泣。她就像个孩子一样，感觉自己被抛弃了，内心孤独又渴望得到爱情。

最近，她决定去找她的前男友们，那些在青春期和她有过浪漫恋情的男人。她努力寻找这些前男友，并与其中一部分人取得联系，以便能再次相见。但是，她现在对这些短暂的重逢感到非常失望，无论是谈情说爱还是发生性关系，都会让她比以往任何时候更加痛苦。她以为这样做可以找回从前的新鲜感，然而只是徒增了虚度人生的失落感。

我们注意到阿丽亚娜的父母在几年前去世了。她在一家大型企业担任要职。她自认为已经非常成熟，因为她在职场上十分成功，而且还养育了两个孩子。但这足以让她成为一个真正的成年人吗？

当我让她仔细观察她的公寓的装修风格时，她发现到处都是父母留下的回忆。他们的照片，他们的家具，他们的肖像画，从他们那里传承下来的物件，如老式行李箱、老一辈的玩具和工具、父亲写的作品……无论她转向何处，每样东西都能让她想起自己的父母。她在童年时期的安全基地中生活得很好。她从未走出过安全基地，所以她对爱情的设想仍然停留在16岁。她说自己如今想要认真进入一段关系，可她只不过是在逢场作戏，最后所有的关系都无疾而终。一段"认真"的关系确实会让她远离自己的父母，即安全基地。事实上，通过关注另一个人，她会将"本该属于"家庭的大部分情感和忠诚转移到那个人身上。因而，她发现想要成长，想要过上成年人的生活，就必须背叛自己的父母……

必须"背叛"自己的父母

在某种程度上，我们可以摆脱童年时期建立的依恋类型，但是有一个条件：离开初始的安全基地。那么如何做到这一点呢？对父母表现出真正的违抗。我在另一部著作中对违抗做了如下解释："真正地违抗父母并不是简单地违反他们的规则，也不是什么事情都做，而是在父母的规则面前表明自己的规则。这必须是一场公开的较量，在理想情况下，它旨在向父母传达以下信息：'我的人生不再由你们为我做决定；往后，我有自己的人生规则，我也会为此承担负责。'只有这样，我们才能说这是真正的违抗，换句话说，承认自己可以自由地活成想要的样子。"[6]像孩子一样通过躲避而违抗父母，并不是"真正"的违抗：实际上，不为自己的所作所为承担责任，这依旧是在承认父母的权威和意愿是最重要的。

家庭不是民主制而是君主制，所以我们有必要就此发起一场变革。这就是为什么我们最好说成是"背叛"而非违抗。表明自己的规则、自己的优先事项和生活原则，在父母面前主张自己的自主权和自由决定权，这便是对一直以来都居于首位的"忠诚于家庭"这一信条的质疑，也是对"家庭至上"这一金科玉律的违背。这一切意味着我们要打破优先次序、层级结构以及旧的秩序。"我仍然是你们的儿子或女儿，但我不再是你们的孩子了。"我们一定要明白，只有当我们能对父母说出这句话的时候，成年人的生活才真正开始。

不过话说回来，使用"背叛"一词是否有些过分呢？

不过分，因为无论如何，背叛的印记已经刻在了身体发育的过程中。成长，身体变化，从婴儿到儿童，再到青少年和成人，所有这一切都是某种背叛。不知不觉中，那些怀念过去的父母开始对孩子的变化感到遗憾（"孩子也许不应该长大！"）——或者至少他们对孩子的转变感到不知所措，因为孩子会逐渐成为一个身强体壮、有着浓密毛发且具有性特征的个体，并且他们可以表达自己的意愿。

然而，背叛并不意味着排斥家庭或与家庭决裂！家庭可以为我们提供一种宝贵的归属感。因此，最好将原生家庭视为自己生活的一个重要组成部分，但不再是无条件地，也不再自我否定与自我放弃。背叛父母，其实就是停止背叛自己。正是由于这种背叛，个体才开始发现自我并走近更真实的自我。

病例：艾米丽——被父母化的孩子

艾米丽从小和母亲一起长大。在她4岁的时候，她的父亲去世了。艾米丽从她父亲那里获得了一大笔遗产。从此以后，她那幻想成为艺术家的母亲总是不工作，依靠女儿继承的遗产生活。她的母亲悲伤地将逝去的丈夫理想化，拒绝重新开始生活和工作。如今，艾米丽已经27岁，她继续赡养着自己的母亲并满足母亲的需求。从童年开始，艾米丽就已经被"父母化"了。

被"父母化"意味着孩子在童年时期被迫承担那些本该属于父母的责任。被父母化的孩子要操持家务，照顾兄弟姐妹和父母；人们还隐晦地要求这些孩子不要麻烦别人，要谨慎行事；这些孩子要么父母身体虚弱或患有疾病，要么受到了虐待，他们要成为"父母的父母"，于是便否认自己儿童的身份。从某种程度上来说，孩子与父母的关系发生了转换，但是孩子并未因此而变得成熟。相反，在任人使唤的小大人的外表下，孩子的成长停滞不前，更何况孩子的功劳也从未被明确承认，或者说很少被承认。后来，当孩子发现自己已经长大成人时，他们才意识到自己其实一直以来都没有脱离童年。

艾米丽的母亲虽然很慈爱，但却非常消沉。她和女儿一直保持着一种令人窒息的融合关系。她没有承担起母亲的职责，更像是在扮演一个需要依赖的妹妹，而且总是遇到各种困难，还要求艾米丽完全坦诚并且一直陪伴着她。对于艾米丽而言，离开安全基地的出口似乎已经被封锁。

因此，艾米丽始终无法做到不带任何愧疚地离开她的母亲。每当艾米丽想要过自己的生活或者想要去求学时，她的母亲就会生病，然后迫使艾米丽回到自己的身边。如今，她已经屈服于这个将她囚禁于此的沉重负担。她听从了母亲的隐含命令，虽然母亲从未明确提出，但是这个命令却表达出这样的意思："永远不要离开我。"这就能解释她为何辍学并离开男朋友。即便如此，她更愿意相信她失败的唯一原因是自己"一无是处"。实际上，艾米丽是在不惜一切代价地做一个被母亲束缚的孩子，一个不能上大学而且没有男朋友的孩子。正因如此，艾米丽在不知不觉中破坏了一切可以鼓舞她并让她成熟的事物。只可惜她为此付出的代价是长期焦虑以及被破坏的人生。

当我们身处这样的境地时，我们能做些什么呢？

治疗秘诀：转换位置

存在主义心理治疗旨在帮助患者克服对成长的恐惧，而下面这个简单的句子则代表了该疗法的宗旨：

想要成长，就必须转换位置。

请记住这句话，因为它将在本书中反复出现，并且它的含义会随着其他治疗秘诀的出现而变得更加丰富。

我们应该如何理解这句话呢？又如何知道自己的"位置"呢？转换位置到底意味着什么呢？

请想象一个棋盘，并假设你是一枚摆放在棋盘上的棋子。你的"位置"是由你与其他所有棋子之间的关系总和所确定的。更确切地说，此处的位置就是一整套规则，可以有意或无意地决定你与他人或你与周围的世界之间的关系。为了确定这些规则，我们可以列一份命令清单，即指导并约束我们行为的一份"我应该如何做"的清单。以下是一些示例。

融合式消除机制下的命令清单：

● 我应该乐于助人，尽力为他人服务而让大家喜欢我。

● 我应该忽略自我去满足他人的需求。

● 我应该让父母生活得更轻松。

● 我应该认为自己总是不如他人。

● 我不应该发表自己的意见，因为我的意见无关紧要。

● 我应该永远跟在别人后面。

● 我应该隐藏自己的身体。

- 我应该谨慎行事,因为我没有也不想有任何个性。
- 我应该过着父母为我设想的人生,征求他们的意见,获得他们的批准。

英雄式全能机制下的命令清单:
- 我应该成为关注的焦点。
- 我应该为集体带来欢乐。
- 我应该处处都是第一,都是最棒的。
- 我应该尽力让大家喜欢我。
- 我应该成为一名决策者。
- 我的意见应该胜过他人的意见。
- 我应该能解决所有出现的问题。
- 我不应该失败或出错。
- 我应该是最强的。

这样的清单也许会很长。当然,我们都能在融合式消除与英雄式全能的命令清单中找到自己。重要的是,这些命令有助于描述我们在他人之中所处的位置。这样才有可能开始操作位置的转换,即从"父母的孩子"这一位置逐渐转换到另一个位置。以下便是相关的例子。

病例：布莱斯——家庭的"顶梁柱"

45岁的布莱斯因为工作劳累而请了病假。他说自己遭遇了道德骚扰。从17岁开始，他便患有间歇性暴食症，目前他的体重已经超标10公斤。他花了几个月的时间来恢复身材并思考自己的未来。

布莱斯是5个兄弟姐妹中的老大，一直以来都是父母的"小助手"。他曾经是一个乐于助人、聪明、谨慎且认真的小男孩。他学习成绩优异，同时还照顾自己的兄弟姐妹，却总是忽略自己。现在，他大多数时间都在照顾年迈的父母。在工作中，他总是展现出一副特别有责任心、有条理且与人为善的形象。总之，无论是在家庭中还是在工作中，布莱斯的"位置"都是"顶梁柱"。他既有融合式消除的特点，因为他认为家庭高于一切，甚至包括他自己；又有英雄式全能的特点，因为他自认为有能力且必须"扛起"整个家庭的责任。在布莱斯的身上，融合式消除与英雄式全能以一种非常微妙的方式交织在一起。

布莱斯是如何努力做到转换位置的呢？

他开始减少去父母家的次数，并让兄弟姐妹接替自己去照顾父母。以前，家庭午餐的时候，他经常忙个不停，组织大家，为大家服务，还给母亲帮忙。现在，他只会悠闲地坐在椅子上，让别人去做事。同时，他腾出了更多的时间专注于自己。他报名参加了表演课和声乐课；他会独自一人长途步行，也会花更多的时间参加朋友之间的休闲活动。他还读了很多书。在这自我选择的安定之中，他意识到自己过于关注家庭忠诚，却从未想过按照自己的意愿生活。也许这就是为什么他搞砸了迄今为止自己所有的爱情，因为他爱上的女生不是已经有对象了，就是住得离他很远，甚至住在国外……布莱斯一直都认为自己已经长大而且责任感很强，但是他却坚持要做"父母的孩子"并盲目地承担那些小时候被托付的使命：为他人服务并留在初始的安全基地内。如今他发现了一样新的事物：保护自己的权利。虽然脱离顶梁柱的角色必然会让他产生一种"背叛"家庭的感觉，但是他身边的人都已经适应了这一转变，何况他们似乎适应得都很好。另外，这几个星期以来，他已经"遗忘"了自己的暴食症，体重自然也下降了。他正逐渐走出抑郁症，同时也恢复了精力去思考人生的意义。他打算辞去现在的工作并加入一个国际人道主义组织。

值得注意的是,为了转换位置,布莱斯无需直接应对各种各样的恐惧,比如害怕失败,害怕得到不好的评价,害怕出错,害怕让爱自己的人失望,害怕变胖……他只需要应对一直以来给他带来沉重负担的身份——"顶梁柱般的孩子"。

面对其他问题亦是如此:我们没有必要专门去应对某一种恐惧,比如害怕自己的身体,害怕性行为或害怕生病。无论我们处于哪种特定情境,重要的是位置的转换,其实就是从孩子转变为大人,换句话说,不再以孩子的身份在父母面前生活。

治疗的第一步

每个病例都是独一无二的,想要悉数列出所有的病例显然是不可能的。但每个病例都有一些必须要研究的东西,比如,哪些与童年有关的物品参与构建你在家里以及在工作场所的私密空间?我们还必须研究你是如何接受自己成年人的身体以及自己的女性气质或男性气质的，你的性生活是怎么样的，你与疾病和健康有什么样的关系，你是如何看待各种家庭命令的。其次，必须要改变你与童年之间的关系。你可以通过日常生活中具体的行为来做出改变，因为只理解不行动是毫无用处的。所有为了转换位置而做出的实质性努力都会得到回报，会让内心发生深刻的变化。况且，你只需要努力尝试一下就会立刻发现，你看待世界的角度会随着你的努力而不断发生变化，它不再是如同孩子般仰视的角度，而是像成年人一样俯视的角度。比如，你可以离开从小到大一直保存着的毛绒玩偶，把它放回父母家或者把它放进柜子里；你也可以尝试改变自己的穿搭，让自己看起来更像一个成年人；你还可以考虑当与家族外的陌生人谈论自己的父母时，不再使用"爸爸"或"妈妈"这样的称呼……

虽然这一切看似微不足道，但是每一个有意义的行为都具有强大的作用。不过，光这样说可能依旧让人有些摸不着头脑，也不容易掌握方法。因此，我们需要更明确的指示和更多的例子。

第二章

步入成年

害怕投入自己的生活

帮帮我们吧，我们还没准备好就要长大了！步入成年意味着要学会与时间和解。逝去的时间会带我们径直走向无法避免的死亡。童年的时候，时间是循环的，一切都可以重新开始，也可以得到弥补。长大以后，时间是线性的，我们所做的一切都会产生持续的影响。不过，只有在线性的时间里，我们才有可能真正实现自我价值并过上自由且满意的生活。

然而有时候，我们往往会发现时间过得太快了。童年时光早已悄悄溜走，而我们甚至还没有意识到这一点。对于未来的时间，我们也总是无所适从。因此，我们可以通过观察个人的思维模式与存在方式，了解个人对自身回忆与未来发展的重视程度，从而对害怕长大这一现象进行分析。

怀念"原生家庭"

正如我们所知，我们通过保存"过渡性客体"而感受到一种乐趣，这便是拒绝长大的一种表现，而"过渡性客体"其实就是一些童年时期或青春期的纪念物。如果这些纪念物相对较多的话，便会营造出一种令人安心的氛围，而且往往会让人产生一种错觉，认为过去还近在眼前。有些人甚至更为极端，他们仍着眼于家族的过去，甚至宗族的历史。他们对祖祖辈辈的历史很感兴趣，甚至会像个真正的"档案管理员"一样去收集各种照片、视频、回忆录以及承载着家族历史的物品。他们或许会在众多相册中找寻父母与祖父母的身影，所以才会对长辈们的经历了如指掌。"家庭至上"的命令也因此得到了全面执行。

想要留住有关家族历史的记忆，这本身并不是一件坏事。但是，我们有必要衡量这件事在多大程度上让我们拒绝承认"原生家庭"已成过去的事实。通常来说，家族的档案管理员会负责维持家族的凝聚力，还会尽力解决冲突、传递信息，充当彼此之间的外交官或调解员。然而，他们却难以忍受这样的状况：原生家庭日渐承受着其他家庭带来的竞争压力，甚至被其他家庭所取代，而所谓的其他家庭便是兄弟姐妹结婚生子以后建立的家庭。

全家人一起玩怀旧游戏的情况并不少见。这种怀旧情绪在一些家族传统的帮助下得以延续。我们可以把食谱、老物件、家族故事传给下一代，也可以把精神层面的道德规范与人格特质（比如高傲、有责任感、团结）传给下一代。这或许与某种家庭构建方式有关，例如，可能会有一种构建方式要求女性占据主导地位，因为女性"应该"拥有自己的个性。另一种则认为，我们也可以把"直言不讳"的要求传给下一代，这一要求意味着，"即使我们会争吵，我们也要彼此坦诚倾诉，过后再和解。"因此，所有人都倾向于玩这种家庭游戏，根据不同的家庭情况，它会带有喜剧或悲剧的色彩——不过最常见的是悲喜交加。

家庭悲剧

社会传统，尤其是一些重大节日，可以支撑并延续我们对"原生家庭"的怀念。圣诞节便是最好的例子，因为圣诞节正好是合家团聚的日子，向我们重申"家庭是神圣的"这一理念。庆祝圣诞节其实就是上演一幕理想中的家庭剧——重申这是一个既充满爱又尊卑有序的"普通家庭",成员包括爸爸、妈妈、儿孙、女婿以及儿媳。然而,大家都知道这不过是一种幻想。在这出戏剧中,每个家庭成员都被分配了一个特定的角色:有人性格外向,有人性格内向,有人成功,有人失败,有人受欢迎,有人受冷落等等。正因如此,我们每年都要庆祝圣诞节。即便我们长大成人,我们仍会回到自己的原生家庭——童年时的家庭来庆祝节日。我们的孩子也会像我们一样,延续这个传统。

圣诞节是一种虚构、规范化且戏剧性的仪式,它有自己的布景、服装和剧本。重要的是,每个人都要扮演一个角色,而无法展现自我。在"原生家庭"的舞台上有这样一条规则:要么什么都别说,要么只做剧本中规定的事情,别给自己强行加戏。微笑应该是整个舞台的主基调,所以我们要笑着咽下所有的怨恨。不过,我们越想要掩饰自己的怨恨,我们心中的怨恨就越多。

这里需要再补充一点,圣诞节还具有节日自身的两个特性。首先,所有的节日都在以含蓄的方式重演战争、冲突以及对抗。在狂欢节的时候,我们就能明显感受到这一点，人们习惯于互相扔彩屑、彩带和彩花。尽管这些东西具有美好寓意且不会伤人，但是其侵略性的特征依然存在。

其次，节日总会颠倒价值观。它会让人自然而然地趋向违抗行为，即从克制与优雅走向懈怠与放纵。在酒精的帮助下，我们常常会徒生一股勇气，去找人算账、争吵或翻脸。

这就是为什么所有的家庭聚会都让人神经紧绷，尤其在圣诞节的时候。因为一旦聚会开始，我们便会提醒自己，我们有多少理由去爱自己的亲人，也就有多少理由去怨恨他们。这就是为什么许多悲剧都发生在家庭内部。古希腊人对此十分理解，他们所有的悲剧也都印证了这一点：俄狄浦斯杀死了自己的父亲并娶了自己的母亲；阿伽门农因为献祭女儿而被妻子谋杀，随后妻子又被他们的儿子所杀；伊阿宋抛弃了自己的妻子美狄亚，而美狄亚为了报仇杀死了他们的亲生孩子……

希腊神话告诉我们，背叛是每个家庭的核心，因为家庭忠诚不可能永久存续：孩子总会长大，并且通过成立自己的家庭，将忠诚献与他人。至少在他们有能力违反离家禁令以及推翻既定秩序的时候，他们会这样做。然而，有些人会长时间拒绝这样的行为，他们会不顾一切地努力延续这个不可能一直存在的"原生家庭"，急切地去组织各种聚会和庆祝仪式。因此，我们有必要致力于研究与过去、现在和未来有关的恐惧。

害怕过去

记忆混乱

与那些自认为对家庭记忆了如指掌的人相反，有些人什么都不记得或者记得不大清楚。有一天，当我向一位新来的病人询问他的过去时，他给了我一个出乎意料的答案："哎哟，关于我过去的事情得问我的妈妈！"这位30岁左右的男士几乎不记得19岁以前的任何事情。因为当他还小的时候，他的母亲替他记住了所有的事情。在治疗过程中，尽管他付出了巨大的努力，他也只能记起一些模糊的情境，更别说时间也是混乱的。他说的内容都很笼统：他曾经在某个地方上过学，住在某条街上，玩过某种运动等等。所有的回忆都没有详细且明确的内容，也没有具体的日期。

　　这样的情况其实并不少见。许多人难以脱口说出自己的年龄，甚至自己的出生日期。他们的过去被一层层厚重的纱布掩盖了。他们为自己辩解道："我对日期极其不敏感。"许多人如同梦游般度过了自己的童年时期和青春期，只记得大致的时间线，顶多还留有一些负面的回忆。总之，这些人的记忆就像一个泳池，上面杂乱无章地漂浮着模糊、零散且不确定的回忆，其中大部分都是负面或痛苦的，他们能轻易辨别的就只有职业生涯的回忆。我曾有幸邀请一位50岁的患者来简要撰写他的生平事迹，并罗列出自己一生中的重要事件。下一次治疗的时候，他带来了一份长长的清单，他似乎对此十分满意。不过令我大吃一惊的是，我没有在这份清单中发现任何有关他的婚姻，他孩子出生以及他父母去世的内容……然而这些事情并非不值一提！当我向他指出这一点时，他睁大眼睛看着我，和我一样感到十分困惑："我压根儿没想到要把这些事情写进去！"或许他的记忆是有选择性的……

此处我们需要指出，这绝对不是认知缺陷的问题。我提到的所有患者，他们可能是工程师、医生或程序员。他们拥有出众的记忆力，可以毫不费力地使用这种能力来协助自己的工作。然而事实上，他们都有意地拒绝接纳自己的个人经历；他们认为自己在这些亲身经历的事件当中缺乏参与感和责任感。在某种程度上，他们活得就像个孩子一样，被人领着坐在车上，然后四处闲逛。只要他们能做自己的事情，他们就不关心自己在哪，也不关心自己将要去哪儿。然而，从小开始接纳自己的人生经历其实就是同意对自己的生命负责，对孤独与死亡的宿命负责。

面对由此可能产生的焦虑，遗忘行为（或健忘症）能够起到类似防御机制的作用，从而将痛苦的想法赶出意识。但是，如果这种防御机制在童年早期就呈现出一定的功效，那么在成年以后，它便会成为一个不利因素，甚至是一种折磨。

"模仿效应"与情绪混乱

一位工程师抱怨自己常常情绪低落。每年9月份开学的时候，他都会感到沮丧、暴躁和孤独。他还说自己经常被不明缘由的情绪淹没，特别是愤怒的情绪。

当我询问他的过去时，他总是回答说自己只记得一些非常模糊的事件。留给他的只有那艰难的岁月里令人痛苦的童年回忆。小的时候，他和母亲住在一间阴冷潮湿的公寓里，他们经常没有食物也没有钱。他的母亲独自抚养他长大，却又总是不在他的身边。校园里的时光也没有带给他莫大的安慰——他只感受到了侮辱和烦恼。除此以外，他的脑海中只留下了一些难以确定时间和地点的回忆片断。

他从未试图在自己的人生经历中找到自己的准确位置。40岁的他看着自己那杂乱无章的生平事迹，感到非常满足。我让他通过询问姐姐以及查阅相册的方式去发现自己人生中的重要事件并罗列一份清单。他犹豫了几周后，有一天下午，开始了这项任务。他将自己的回忆记录下来并尝试将这些回忆进行排序。就这样，他的不适感开始蔓延全身，然后他开始感到头晕，最后什么也干不了了，只想睡觉。

在这种情况下，睡觉是很常见的现象，这也正好说明"我不应该记得"的命令有着非常强大的影响力。在这一命令的影响下，人们的心灵往往会启动一种身心层面的"断路器"来抵抗回忆的力量。因此，我有幸可以看到这样的画面：很多人一边在尝试找回他们丢失的记忆，一边又在不停地打哈欠，然后仰着头在诊所的沙发上浅浅地睡上一觉……

对于这位患有健忘症的工程师来说，被遗忘的童年和每年9月份重复出现的沮丧情绪，二者之间究竟存在着什么样的关系呢？

为了理解这种关系，我们可以提出如下假设：当脑海中的回忆没有明确的日期和标记时，伴随着这种回忆的情绪便会持续对个体造成困扰。童年时期遭受的侮辱或产生的怒气会继续起作用，仿佛时光不曾流逝。情绪就是这样形成的，它可以从触发它的事件中脱离出来，然后附着于另一个事件。例如，你可能因为同事而感到生气，回家后却把怒气发泄到（与此事无关的）亲人身上。这位工程师不愿记起过去，所以这种情绪混乱的现象在他的身上似乎非常明显，以至于每年9月份，他的脑海中都会重现童年时开学的日子。他讨厌学校，觉得自己在那里受到了侮辱和苛待，是一个永远的失败者。因而，他发现自己被那些本不该存在的情绪左右。事实上，对他而言，过去重现了，这导致他出现了一种以愤怒为主的情绪混乱。因此，要解决这个问题，他只要挑选并整理这些回忆就可以了。他可以根据照片或回忆录撰写一部简要的个人自传，并将他的生平事迹按顺序进行排列，从而让那些"漂浮"的情绪定格在过去。就这样，他完全接受了时间的流逝，重新适应了自己的人生经历，并设法让自己更从容地接纳成年人的状态。

记忆缺失与再度诠释

除了刚才我们提到的相对严重的情况以外，还存在一种较为轻微的情况，即忽略过去。你身上可能就出现了这种情况。你是否能脱口而出父母的年龄或出生年月呢？你对自己的祖父母了解多少呢？你是否能想起2007年、2012年以及2017年的一些回忆呢？

在融合式消除的机制下，害怕成长往往伴随着对家族历史的一无所知或对过去的漠不关心。刚出生的时候，孩子认为整个家族的历史是从自己这里开始的。随后在成长过程中，孩子不断思考并询问有关家族的事情。有时孩子没有得到明确的答案，可能是因为父母的疏忽，也可能是因为父母想要隐瞒过去。但是，孩子可能并不是真的想要得到答案，这一点会让孩子在长大以后无法置身于时间的动态流逝之中。

在英雄式全能的机制下，如果个人坚持认为家族历史必须始于自己而且只有自己才能为家族带来价值的话，那么家族历史便不再具有重要性。即使夸大自己的家族血统（有时甚至捏造自己的宗族或伟大的祖先），个人往往也会认为自己是家族里最成功的。许多名人都没有经受住这种诱惑。尼采本人曾暗示自己是波兰贵族的后裔；维克多·雨果自称不在乎家族血统，然而他几乎一生都在申明自己的祖先是洛林公爵护卫队队长乔治·雨果，而这完全是一个故意编造的谎言。正如这位睿智的伟人雨果所写的那样，"家喻户晓的真相往往是为了现实而捏造出来的……"

轻视或不在乎家族的真实过往也可能源于一种童

年时的幻想，即希望自己像自由电子一样活着，可以永远摆脱任何束缚与规则。

害怕当下与无聊

排斥自己所处的时代

"自由电子"式的生活态度常常会让人感到无法完全融入自己所处的社会、文化与时代。许多人承认他们并不喜欢自己所处的时代，或者说他们"生不逢时"。还有人认为自己没有出生在合适的国家，如果生活在其他地区，他们可能会感到更自在。

不过，人们可以猜到，无论处于哪个时代或有什么样的文化背景，都会有许多人有一种不自在的感觉。他们宁愿寻求逃避的办法，也不愿接受自己成年人的身份。他们有时会像孩子一样，幻想自己可以在时光中穿梭并停留在一个更为有趣的时代。他们找不到这样的时光穿梭机，所以只好退而求其次，观看一些几十年前拍摄的老电影，比如上世纪五十年代的电影，因为那个时代已经过去，已成定局。甚至连死亡以及死亡焦虑仿佛都消失了。雷姆 (Raimu)[1]、马斯楚安尼 (Mastroianni)[2]、利诺·文图拉 (Lino Ventura)[3]、罗密·施奈德 (Romy Schneider)[4]，在我们看来，这些人不是一直都活着吗？虽然这些伟大的演员在舞台上或生活中可能会再一次死去，但是这已经不重要了。

你是否觉得自己好像不属于这里？你是否觉得以前的时光更好？如果是这样的话，这种情况很有可能与时代问题无关。或者更确切地说，你厌恶这个时代，是因为你目睹童年的逝去同时被迫卷入成年时代……

那些仍然不愿接受自己已经成年的人，他们想要"远走高飞"，去到世界的另一端，他们相信在那里自己便可以脱离成年人的状态，这些全都是他们一贯的特征。然而，当他们四处游历的时候，他们发现即使自己已经远离最初的起点，他们仍然需要面对自己的

---

[1] 雷姆（1883-1946），原名儒勒·穆莱尔，法国著名演员，代表作《马赛三部曲》等。——译者注

[2] 马斯楚安尼（1924-1996），意大利著名演员，代表作《意大利式离婚》《特殊的一天》等。——译者注

[3] 利诺·文图拉（1919-1987），意大利著名演员，代表作《悲惨世界》《第二口气》等。——译者注

[4] 罗密·施奈德（1938-1982），奥地利著名演员，代表作《茜茜公主》《重要的是爱》等。——译者注

生活以及由此带来的焦虑。最终，他们意识到，他们根本无法逃避自我。

此刻难以忍受的无聊

我们的时代为我们提供了许多摆脱无聊的办法。随着电子设备种类越来越多，其内容越来越丰富，如今我们几乎不可能感到无聊。多亏有了能联网的手机，我们可以利用任何无聊的时间来消遣、工作或者打电话。我们无法忍受无所事事地等待。试问谁能在排队的时候不拿出手机来玩一玩呢？几乎没有这样的人。再者，如果什么也不做，难道不算浪费时间吗？我们似乎就是这样想的，所以我们坚信通过打发无聊的时间能够为今后节省一些时间。然而，当我们终于可以利用这些节省下来的时间时，我们又陷入了一种不知所措的状态。我们意识到，除非利用一些让我们远离自己的事情来打发时间，否则我们不知道该做些什么。无所事事让我们感到害怕。这到底是为什么呢？

因为无所事事会让我们直面自己的存在这一事实本身。无聊或许是让我们最痛苦地感受到自身存在的一种方式。尽管面临着巨大的生存挑战，我们又再一次地回到了不知所措的状态：因为与他人突然分离，我们会感到孤独，感到时间停滞的荒谬，觉得自己很没用，一直在"做无用功"。我们谈论了这么多"难以忍受的无聊"，然而，面对自己赤裸裸的存在，哪怕只是意识到这一点，似乎都会让我们远离无休止的生命，还会让我们看见一片虚无。

对孩子来说，无聊的感觉既表明了他们对时间的感知力还存在局限（他们当下生活在一个封闭的环境里），也揭示了他们在缺乏外部刺激的情况下难以生存。孩子需要有人或物来激励自己，似乎需要一台外部引擎来为自己注入生命力。对于一些成年人来说也是如此，他们活在有限的世界里，隐隐约约被一种想法所困扰：就像黑暗和沉默一样，无所事事，也与死亡存在着一定的关联。他们在无聊时，内心不由自主地浮现一阵空虚，这种感受等同于死亡和虚无。因此，有必要让自己动一动，忙碌起来，让情绪激动起来是弥补内心空虚最简单的办法。在诊所里，我们会遇到一些过于活跃的孩子，他们身上仿佛装了弹簧，无法待在原地不动，他们特别容易受到影响，而且非常喜欢玩游戏，也乐于接受一些外部刺激。

不惜一切代价填补空闲时间

那你呢？你可以什么也不做吗？当你发现自己无所事事的时候，你会感到恐慌吗？度假的时候你是否感觉不自在呢？你是否一直在给自己找事做呢？当你没有忙于某项具体任务时，你是否会有一种内心空虚的感觉呢？

如果是这样的话，那么你可能非常喜欢社会为你提供的大量消遣活动：看电视或电影、玩社交软件、外出游玩、运动、谈恋爱、旅行，还有一些纯粹为了有事做的活动（做家务，整理收纳等）。对许多人来说，消费也是一种极为重要的消遣活动。

我们先从术语的层面来理解"消遣"一词的含义。法国哲学家布莱士·帕斯卡（Blaise Pascal）[1]指出，"消遣"一词的拉丁语词源是divertere，其含义为：转移行为。他曾这样写道："唯一可以让我们从苦难中得到安慰的便是消遣，然而它却是我们最大的苦难。因为消遣会阻碍我们为自己考虑，让我们在不知不觉中迷失自我。"

---

[1] 布莱士·帕斯卡（1623-1662），法国哲学家、数学家、物理学家、散文家。——译者注

我们也可以引用小说《一个郁郁寡欢的国王》中的经典段落："让国王独自一人待着，没有任何感官上的满足，也没有任何精神上的关怀，更没有他人的陪伴，国王可以从容地为自己考虑。我们最终会发现没有任何消遣的国王就是一个充满苦难的人。"[1]

消遣娱乐，其实就是忘记自己的存在。我们说自己需要"逃避"或者想要"清空大脑"，其实是想逃避什么、清空什么呢？答案是我们真正拥有的唯一事物：我们自身的存在。不过，这是一次艰难的体验。布莱士·帕斯卡更好地阐述了这一点："没有激情，没有事务，没有消遣，没有努力，整个人进入完全休息的状态，对于所有人来说，没有什么比这样的状态更让人难以忍受了。因而，人们感到虚无，被抛弃，能力不足，对外界的依赖，无能为力以及空虚。顿时，无聊、忧郁、悲伤、愁烦、气恼、绝望，这些感受都将从人们的灵魂深处散发出来。"

因此，我们需要让自己消遣娱乐，同时不惜一切

---

[1] 著名作家让·吉奥诺恰好用自己的小说《一个郁郁寡欢的国王》向这一段落致敬。

代价来摆脱无聊，其中包括借助一些毫无意义的思想活动，如数步子、数台阶、数汽车、数电线杆或者干脆睡觉……

然而，有些人为了彻底摆脱无聊的困扰，便让自己成为"工作狂"，全身心地投入到工作中而且不留任何时间给其他事情。另一些人把自己的时间全部奉献给了身边的亲人，甚至奉献给了陌生人，比如在人道主义协会担任志愿者，让忙碌的工作占据自己的每分每秒。还有一些人养成了各种爱好：酒精、毒品、游戏、强迫恋爱或发生性行为。事实上，不切实际的逃避方法数不胜数，它们让我们成为自己人生的过客，最终又无法维持我们的存在。况且令人觉得讽刺的是，即便我们在人生中像孩子一样激动兴奋，我们也可能会糟蹋自己的整个人生，从而感到内心空虚。

害怕未来

担心可能会发生的事情

"每天早上，我都会记下自己担忧的事情。然后到了晚上，我会核实这些担忧的事情是否已经发生。"一位患者告诉我，接着还补充道："早上我一开灯，忧郁情绪就出现了。"

未来会让人感到焦虑，这一点是可以理解的。因为当我们从整体的视角展望自己的未来时，死亡便会出现在我们的视线里，它是无法逃避的终点。因此，有些人宁愿做一天和尚撞一天钟，或者至少短期内想要这样得过且过。在任何时间、任何地点，他们都想像孩子一样蜷缩在角落。一天的时间似乎过于短暂，所以不可能会有死亡的危险。那么，死亡的想法从意识中被排除出去了吗？当然没有。孩子可能会相信这一点，但大人不会。死亡的想法会悄无声息地再次进入他们的意识，从而让所有的想法都带有危险的色彩。事实上，倘若将人的一生比拟为实实在在的一天，换句话说，这一天就是人一生的缩影——人们会更加觉得死亡在逼近。因此，最无关紧要的事情也变得异常可怕或危险，让人感觉灾难即将发生。焦虑的人们在不知不觉中产生了这种纯粹的幻想。他们往往杞人忧天，夸大所有未来可能会遇到的困难。无论发生什么，看到半杯水时，他们总想到杯子有一半是空的。

因此，久而久之，他们开始出现惊恐发作或焦虑发作的症状，他们的脑海中会突然出现自己将要死去的念头。他们出汗、心悸、窒息、眩晕，还会被火速送往急诊室。有些人甚至将车停在医院附近，然后睡在车里……焦虑发作的时候，他们深信自己将要死去，任何理由都无法说服他们。不过，他们都弄错了一件事。他们的确会死，但死亡的时间并不是现在。因为他们和所有人一样，都要经历很多年的时间才会死去。

我们都清楚，像孩子一样过一天算一天也会产生一些事与愿违的结果。有些人一睡醒便会条件反射地开始焦虑，这种焦虑会逐渐蔓延并持续一整天的时间。它同样也预示着生命终将结束，只不过这一点还为时尚早。总之，人们感到焦虑是因为"一些事情正在发生"，换句话说，是因为推着我们一直向前的时间正在流逝。不过，对于那些拒绝长大且想要停滞不前的孩子来说，应该不会有任何重要的事情发生。

有时，那些尚未接纳自我的成年人不想独立面对自己的生活，他们在不知不觉中达成了一个目标：拒绝接受成年人的身份。然而，拒绝长大的代价是高昂的。

因为人们的焦虑会逐渐转变为更加严重的抑郁症,而这样的成年人最终会对一些事物产生依赖,如抗焦虑药物、抗抑郁药物、安眠药、酒精、麻醉剂以及身边帮助自己的人。各种传统的药物与心理治疗使得他们不由自主地产生越来越强的依赖性,因为他们有时觉得自己这样就摆脱了身上背负的责任,成了一个孩子。

然而,从下文中我们可以得知,有一些方法可以逆转上述整个过程,比如通过履行而非拒绝自己的责任。

幻想此刻永恒

死亡焦虑并不是我们向成年人转变过程中的唯一阻碍。长大之所以如此困难,是因为我们不愿轻易接受"二选一的命运"。在孩子身上,一切皆有可能,一切都可以得到补救。然而成年人却不是这样,因为他们必须在生活中做出正确的选择,这些选择会让他们在一条笔直的时间轴上越走越远,而且永远无法回到过去。

跟甲结婚还是跟乙结婚,选择这个专业还是那个专业,生孩子还是不生孩子……每当我们站在这一类选择的岔路口时,我们都会挑选其中一条岔路,从而放弃其他的可能性。这让我们有时想问问自己："如果我做了另一个选择，那么我的人生将会是什么样呢？"答案是，你可能同样会问自己，如果当初做了另一个选择，我的生活将会是什么样的。遗憾总是不可避免的，我们对此束手无策。

孩子不存在这样的问题，他们完全不会受任何选择的约束。他们可以梦想成为一名消防员、海豚训练师或宇航员，甚至可以梦想同时从事这些职业。当然，成年人已经不再有这种可能性了。不过，他们可以幻想找到一种方式让自己活在永恒的当下。比如，从不完成任何事情；尽可能延长自己的学业；尽可能增加自己的培训时间；定期更换工作；成为一个工作狂，重复完成相同的任务；吸引更多的追求者，不要在一棵树上吊死；幻想自己正在一家大型旅游购物中心，过着随心所欲的生活。换句话说，就是让自己找到新的消遣活动（旅游、追剧、喝酒、聚会、消费……），让自己"尽情享受"。我们经常听到这四个字，或许它的真正意义在于尽可能少地思考。这样一来，虽然时间正在悄悄溜走，但我们并不会注意到时间留下的痕迹，这便是消除时间的一种方式。"抹杀时间"可以让我们像孩子一样活在当下。

睡眠避难所

深度睡眠可以让人毫无存在感地活着。这其实是一种避免自杀的简易方式。我们都曾模糊地认为（但并不相信）自杀是一种摆脱追寻意义或摆脱成年人生活困境的方式。不过，我们很快便意识到，睡眠可以替代自杀这一方式：它让我们既可以留在生活中，又可以暂时远离生活。

因此，我们非常喜爱自己的卧室，而且常常会有这样的想法："希望今晚可以赶快睡觉！"我们并没有被自己所追求的事物蒙蔽，而是会想回到生命最初的地方，也就是说，回到母亲的腹中，或者说，回到一个与之等同的地方，即儿时的摇篮。我们睡在心爱的床上，就像住在母亲的子宫里一样，意识不到残酷的现实。我们蜷缩在自己赖以长大的"安全基地"中，以此获得巨大的满足感。这样看来，回到床上其实就是回到围墙内——"围墙"一词能很好地表达安全基地封闭的状态以及对原始融合的追求。

从这一点来看，每一个清晨或每一次醒来，都是一次新生。此时，我们需要重新进入这个世界。因此，离开自己的床便意味着长大并最终走向死亡。我们都有过偶尔不想起床的经历，相比于劳累或懒惰的原因，其实我们越不想为自己的生活负责，就越不容易起床……

有些人可能会问，此处与上文提及的睡眠障碍不矛盾吗？我们怎么会既花很多时间睡觉，又害怕睡觉呢？

倘若我们认为日暮与晚间时分"存在于时间之外"，上述问题便不再矛盾。因为这些时刻与我们的职业生活和社会需求几乎不存在任何关联。此时，整座房子会成为一个具有保护性的围墙，即所谓的"安全基地"。晚上8点以后，看着电视屏幕的我们会觉得自己非常安全，不再迫切需要找到摆脱责任的办法。因此，进入安全的半睡眠状态也是可以接受的。然而，这不同于起身回到房间，因为这样做会让我们突然意识到夜晚的黑暗，而且很容易联想到死亡。通常，我们更喜欢像小时候一样睡在沙发上，而不是像成年人一样刻意去面对黑暗的房间。出于这样的原因，早上睡懒觉或者中午躺下休息一会，对我们来说总是更容易些。

不计后果的行为

另一种否认过去与未来的幼稚做法是无视所有行为的后果，即做事不考虑后果。看看那些四五岁的孩子，他们会在客厅里跑来跑去，弄翻甚至打破所有挡住他们去路的东西，从你身上踏过却不在乎你是否会感到疼痛，对一些东西不再感兴趣时便会将其丢在原地……

对于采用英雄式全能机制的成年人来说，这种不计后果的态度表现为轻率的冒险、冲动的行为、讽刺的言论。他们特别喜欢发表一些不合时宜的批评或冒犯性的调侃，难以控制地展现出直率的一面，很难遵守各种规章制度(比如道路的限速规定)。总而言之，他们无视各种界限。他们常常因为"没有边界感"而受到指责。他们会占用大量的空间，并对他人造成困扰。他们或许就是人们口中常说的"有个性的人"，因而他们不太注意保持适当的社交距离以及尊重他人的隐私。他们总是在事后才意识到自己的行为所造成的后果，即便如此，他们也无法准确衡量这些后果。他们可能会制订一些宏大的计划，但却不去执行，仿佛这些计划在制订完以后就已经达成了。

至于采用融合式消除机制的成年人，他们似乎更爱胡思乱想，总是心不在焉地做一些蠢事。他们也不重视所有行为的后果，但与采用英雄式全能机制的成年人相比却有着截然不同的行为模式。他们应付着一件又一件事情，自己的生活却总是一团糟，他们经常丢钥匙和手机，忘记密码和证件等。他们常常把东西丢在一旁不管，比如不盖盖子或不关橱柜门。哪怕是上厕所，他们也经常不关门。他们觉得用别人的东西是很正常的事情。他们对外界刺激十分敏感，以至于很容易被电视或互联网迷住而忘记自己应该做的事情。他们制订的所谓计划，不过是昙花一现的白日梦或一时的迷恋罢了。

　　在这两类人的成长过程中，虽然他们的智力得到了发展，但是他们的一部分情感却停留在了儿童时期。(如果我们扩大这一特征的话)他们似乎无法从以下三个维度去正确思考问题：时间、空间以及人际关系。他们就像孩子一样，只关注自己所处的地方，只考虑当下，几乎不关心他人的需求。这种自我封闭可以让他们远离超越时间、地点以及人际关系的焦虑，然而，这也让他们开始依赖他人，变得多少有些迷茫。简单举几个例子吧，比如，他们认为没有必要知道自己家附近街道的名字；他们几乎不会安排自己的日程、出差的行程、预约时间以及各项有待完成的工作；他们不会提前计划家里的实际生活；他们会花时间去尽力弥补日常生活中自己的过失、错误以及疏忽。在融合式消除的机制下，他们会信赖那些可以帮助自己的人，而在英雄式全能的机制下，他们会利用那些可以协助自己的人。总之，他们的心理防御因为太过幼稚或不够成熟，所以远远不能保护他们并让他们感到安心，只会让他们产生更多的恐惧情绪。

害怕衰老

渴望保持年轻

"昨天我还觉得自己很年轻，可今天我已经感觉自己被召唤到了生命的尽头。死亡就在不远的将来。"

说这句话的是一个50多岁却又非常活泼的男人。此处"活泼"一词用得并不恰当，应该说这是一个内心不安的男人：他在沙发上坐立不安，每隔三四秒就要换个姿势，还用脚不耐烦地拍打着空气。"时间过得真快啊！"他失望地感叹道。

这位焦虑不安的企业家穿得像个少年一样——新潮的篮球鞋、褪色的牛仔裤，让人无法相信他早已步入老年生活，成为"真正的成年人"，不再年轻。

社会要求我们珍视青春与童年，所以他和大家一样，对这种无休止的要求特别敏感，哪怕他需要求助于一些手段，如化妆、整形手术、神奇的膳食补充剂、室内美黑或健身。事实上，年轻且无忧无虑的我们更受社会青睐，换句话说，这样的我们可能是冲动的消费者，也可能是顺从的选民。我们热衷于"更新换代"，所以每半年就会换一部手机。老年人显然不会成为市场营销的关注对象：他们太过稳重、兴趣单一又过于清醒。只有他们对健康的担忧才会为企业带来源源不断的利润，至于其他方面，他们只会阻碍企业的正常运转。社会还鼓励我们使用音节倒置[1]的口号或穿着色彩鲜艳的服装来保持年轻。我们没有过多怀疑就相信了这一点，因为显然年轻是力量和健康的保证，是我们最大的资本。可

---

[1] 法语中的音节倒置词（verlan）是采用音节颠倒的构词法而形成的一种行话，是法国巴黎郊区年轻人语言的主要构成部分之一。——译者注

是，我们所追求的不过是一种虚无缥缈的幻想。因为随着年龄的增长，我们通过护肤霜和美容手术所获得的年轻容貌，绝不是真正的年轻。有人会说，不要紧，我们应该"在思想上保持年轻"。

和社会一样，父母也不希望我们长大，因为家庭忠诚的要求是任何事物都不能改变。父母和孩子都必须待在自己的位置上。然而，在成长过程中，孩子难免会违反事物的秩序。他们逐渐将忠诚投放到家庭以外的地方。因此，他们经常抱有一种自己都无法理解的愧疚感，并试图通过拒绝长大和拒绝衰老来减少这种愧疚感。他们从中获得越多的次要利益，就越愿意这样做，尤其是当他们采用英雄式全能机制的时候，即幼稚地幻想永生并有意识地回避死亡及其带来的焦虑。

预感生命太过短暂

我们先做一个小测试：你觉得自己会活到多少岁呢？不要思考，直接说你的答案。不要说出你希望活到多少岁，而是说出一直以来你认为自己会在什么样的年纪结束这一生。如果你回答不上来，那就先尝试确定自己的人生终点，进而推断出自己的主观寿命。

在那些强烈渴望保持年轻的人身上，我们时常会发现一种尤为惊人的想法：他们的直觉或预感告诉他们，自己的生命将非常短暂。我遇到过很多这样的患者，他们认为自己活不过60岁、50岁，甚至40岁。听上去挺短暂的，对吧？虽然他们无法合理地解释这种预感，但是他们从小就对此深信不疑。有些人甚至知道自己可能会死于癌症或心脏病发作。令人惊讶的是，他们在谈论这种预感时丝毫没有表现出任何焦虑情绪！更奇怪的是，当我要求他们设想更为长远的人生时（比如想象自己和孙子或孙女在一起时的画面），有些人才真正地开始出现焦虑发作。

这一切足以让人感到疑惑不解！然而，"预感"生命短暂其实是合乎逻辑的。有位患者曾经笑着总结道："阻止衰老的最佳方法就是死亡。"

当然，这并不是真正的预感。在现实中，如果你有这样的直观感受，那只能说明你还无法预想成年人的状态，换句话说，你还无法接受自己的身份。但是通常来说，到了某个年纪（40岁到50岁之间），你应该接受自己的身份。如果你会不自觉地排斥成年人的状态，那么你就无法知道某个时刻以后发生的所有事情。因此，你会错误地认为自己的人生将就此结束。有些事物确实会停滞不前，但并不是你的人生，而是你作为孩子的身份。

渴望衰老的矛盾心理

"我从小就已经退休了。"一位46岁名叫娜塔莎的女士说道。她看起来似乎有些显老，因为她的棕色齐肩短发上布满了银发。她总是抱怨自己腰酸背痛，她的步伐和动作都特别缓慢。她似乎无法集中注意力，总是想东想西。她在生活中最大的爱好，就是早点躺在床上并且尽可能多地睡觉。她梦想真正退休，甚至渴望步入晚年生活。然而此刻，她只能假装自己已经上了年纪。她既没有雄心壮志，也没有人生规划。她仅有一份与食品相关的工作，生活过得非常拮据。她像许多退休人员一样，想要停留在生活的边缘地带。她很好地接受了自己即将衰老的事实，甚至希望自己的"晚年生活"可以提前到来，为此，她会夸大自己背部以及关节的疼痛。从她反常的人生态度中，我们能否看出她在拒绝长大或者她在使用某种策略来对抗死亡焦虑呢？

娜塔莎的性格显然更倾向于采用融合式消除机制。如果你也和娜塔莎一样，那么你一定注意到了童年生活与晚年生活之间有着惊人的相似之处。在这两种情况下，时间似乎是循环往复的。你觉得自己仿佛处于"现实生活"或者活跃的成年人生活的边缘地带，甚至感到有些格格不入。每个人在童年及晚年时期都更为脆弱，因此也就可以承担较少的责任。幼儿和老人总是可以被原谅，而且无需在人生舞台的幕后寻找那飘忽不定的生活意义。因此，我们可以幻想自己第二次度过童年，即体验或者想象自己的晚年生活。就这样，娜塔莎回到了80多岁的父母身边，并再次与父母过上了原生家庭的融合生活。

在英雄式全能的机制下，人们有时也会重视晚年生活。事实上，晚年生活可以带来各种不容忽视的好处：信誉、阅历、威望以及一定的优越性。它还可以增强人们对重要性、自我满足以及权利的幼稚幻想。通过接受自己的年龄，他们会认为自己有权利去做想做的事情，成为大家关注的焦点，无需关心他人的所思、所想、所感。他们还可以摆脱各种各样的束缚，比如时刻注意自己的健康或饮食等。总而言之，对于不想长大的孩子来说，提前步入晚年生活是一种非常实用的伪装方法。

害怕目睹父母去世

一种古老的恐惧

害怕目睹父母去世可能是最古老的恐惧之一，这种恐惧或许已经深深地刻在了我们的肉体与心灵之中。对于自然界中的动物幼崽来说，失去父母意味着注定死亡。对于人类婴幼儿来说，这种恐惧在第一次与父母分离时就已经表现出来了，而第一次分离很有可能是被遗弃的经历。奥地利心理学家勒内·斯皮茨（René Spitz）[1]曾明确指出，一个孩子如果失去了能够与其进行情感交流

---

[1] 勒内·斯皮茨（1887-1974），奥地利心理学家、精神分析学家。——译者注

的依恋对象，即使得到了喂养与照料，也会因此陷入深度抑郁并让自己逐渐死去。

父母的离世不仅代表着依恋对象的丧失，还代表着爱的丧失。这种爱的丧失会让孩子长期生活在最可怕的噩梦或最糟糕的幻想中。因为他们在无意中发现，自己特别愤怒的时候甚至希望父母去死。其实，他们并不是真的希望如此，可他们却认为自己简单的意图也开始具有杀人的力量。从此，他们对脑海中莫名闪过的念头产生怀疑。一位年轻的患者向我倾诉道："如果我不每天给我的父母打电话，我会担心他们出事，而他们出事将会是我的过错。"正因如此，成年人或许认为，父母的生活的确取决于他们的服从以及他们满足父母期望的能力。

需要"最后的救世主"

作为子女，我们暗中赋予了父母一个奇幻的角色——最后的救世主。为了更好地理解上文提及的恐惧，我们必须仔细分析这一角色。我们的父母都是伟大的保护者，对我们的生命负有全部的责任。他们就像是为我们搭建了一个"安全基地",我们就生活在其中。在我们年幼时,如果我们生病了,即使有死亡的危险,我们仍然觉得自己的生死只与父母有关,与我们自己无关。因此,在10岁或12岁之前,当我们面对疾病时,我们可以表现得很勇敢,甚至无动于衷,那是因为我们的生死是父母应该考虑的问题。通常来说,青春期快结束时,我们才会意识到自己的生死只与自己有关,而这一点往往会引起我们的第一次焦虑发作。

然而,我们一直以来都将父母视为真正与死神打交道的人。因为父母比我们年长,所以按理说,父母是我们与死神之间的一道"屏障"。这就好比在战场上,父母在靠近前线的位置,而我们则躲在后方。我们所处的位置让我们感到非常安心,至少当父母还在世的时候是这样的。可是一旦他们离世,我们就不得不提醒自己:"下一个死的就是我!"我们害怕父母离世,除了因为爱父母以及恐惧他们的离去会造成无法弥补的损失以外,也是因为他们的死亡必将会宣告我们的死亡。我们发现自己来到了前线的位置,虽然我们一直认为"最后的救世主"绝不可能消失,但是他们确实已经不在了。这一点可以表明,我们的死亡是真实存在的,而且离我们越来越近,让我们感到越来越害怕。当然,这一切将会从根本上改变我们对未来以及生命的看法。

心理治疗:走进自己的生活

到了这一阶段,在介绍新的观点之前,我们有必要回顾一下在上一节中提到的治疗秘诀。在日常生活中,我们的恐惧大部分都源自我们身上残存的童年。为了克服这些恐惧,我们提出了以下几点治疗秘诀:

1)为了变得更加成熟,我们必须转换位置,换句话说,必须质疑并改变规则,因为它决定着我们与他人、世界以及自己的关系。

2)我们当前所处的位置与父母所代表的"安全基地"仍然存在着紧密联系,所以我们的重点是要逐渐脱离安全基地并建立内在的安全感。

3)长大首先意味着要"背叛"自己的父母,也就是说要摆脱他们的命令。

4）我们内心的童年部分存在着两种主要的防御机制：融合式消除与英雄式全能。

"生与死的恐惧"

在融合式消除与英雄式全能两种防御机制下，我们的行为总是在不断地交替变化。正如奥地利心理学家奥托·兰克（Otto Rank）[1]所说，我们对生存的恐惧和对死亡的恐惧也同样在交替出现。乍一看，这两种恐惧似乎是等同的，然而实际上它们代表了两种不同却又互补的生活态度。

存在主义精神病学家欧文·亚隆（Irvin Yalom）[2]很好地总结了对生存的恐惧："对生存的恐惧是指害怕孤独地活着，害怕自性化的过程，害怕'朝前走向前看'，害怕'展现自己的本性'。……自性化、自我展现，或者正如我在本章中所描述的，表明自己的独特性，这些行

---

[1] 奥托·兰克（1884-1939），奥地利心理学家、精神分析学家、作家、哲学家。——译者注
[2] 欧文·亚隆（1931-），美国存在主义精神病学家，斯坦福大学精神病学终身荣誉教授，存在主义心理治疗三大代表人物之一。——译者注

为并非是没有代价的，它们会带来一种可怕的脆弱感和孤独感。通过退缩与放弃自性化，尝试寻求融合、自我溶解以及依赖他人，我们可以缓解这种可怕的感受。"[1] 换句话说，当我们对生存感到恐惧时，我们往往会向后退缩并按照融合式消除的防御机制去行事。我们努力地想要留在幕后，让别人成为我们的挡箭牌。我们不想走进自己的生活，于是便将自己封闭在一个不停转动且不断重复的世界当中。我们就好像不肯走到台前的演员，躲在幕布后。只要我们不用在舞台上面对观众，或者只要我们还在彩排，我们就会感到非常自在。可是一旦幕布拉开，我们就会变得极度怯场，然后尽力想让自己消失，让自己融入到背景之中。面对生存的恐惧，最让人安心的幻想便是："如果我没有真实地活着，那么我就不会真正地死去。"可是，这一幻想带来的后果将会是停止成长或放弃成长。

相比于对生存的恐惧，对死亡的恐惧则有些不同。它更多的是指害怕自我消失，害怕失去个性，害怕迷失自我。面对这样的恐惧，按照英雄式全能的防御机制，个人往往会奋不顾身地投入到生活中，哪怕这样做可能有些过分，甚至可能将自己置于危险之中。因此，许多探险家和冒险者都认为，通过承担更多的风险，他们便可以征服对死亡的恐惧……即便有时他们会丢掉自己的性命。面对死亡的恐惧，最让人安心的幻想便是："如果我比其他人拥有更强的生命力，那么我就不会像其他人一样死去。"这样的幻想将会导致我们的生活变得无比疯狂，而且到处都是意外。最终我们只会难以顾全自己的生活。

倘若对生存的恐惧以过度自我贬低为特征，那么对死亡的恐惧则以过度自我夸大为特征。在这两种情况下，我们都难以真正走进自己的生活，也就是说，难以步入成年人的世界。在融合式消除（对生存的恐惧）的机制下，我们将停留在人生最初的阶段，同时不断地将人生向后推迟；在英雄式全能的机制下，我们将超越自己的生命并将自己的伟大梦想视为理所当然。

什么叫活在当下？

为了摆脱这种幼稚的状态，我们是否应该像人们经常建议的那样，学会"活在当下"，细细体味每一刻呢？这一观念由来已久，在古希腊罗马时期就已经广为流传，尤其是在当时的斯多葛派哲学家之间。无论是爱比克泰德（Épictète）[1]还是塞内卡（Sénèque）[2]，他们都很喜欢"抓住现在"这句著名的拉丁谚语，而它是一种有效的解决办法吗？

爱比克泰德《手册》中的第一句话很好地概括了斯多葛主义："有些事我们可以掌控，有些则不然。"这句格言可以让我们获得长久的幸福，因为它要求我们接受世界的秩序并达到超脱的境界。法国哲学史家皮埃尔·阿多（Pierre Hadot）[3]认为，"只有把每一刻都当作生命的第一刻与最后一刻去对待，不考虑过去或未来，体会到每一刻的独特性与不可替代性，我们才能在此时此刻感受到世界上那些美妙的存在。"[2]这是否意味着我们应该对过去与未来漠不关心呢？当

---

[1] 爱比克泰德（约55-135），古罗马最著名的斯多葛派哲学家之一。——译者注
[2] 塞内卡（约前4-公元65），古罗马政治家、斯多葛派哲学家、悲剧作家、雄辩家。——译者注
[3] 皮埃尔·阿多（1922-2010），法国哲学家、哲学史家，法兰西学院荣誉教授。——译者注

然不是。如果我们没有意识到过去与未来之间的动态联结，那么也就不存在当下这一刻。因此，我们必须停止为过去懊恼，以及将我们的担忧或幻想投射到未来，以便在这一过程中更好地把握当下我们正在经历的事情。

实际上，我们很难做到这一点。你可能已经尝试过活在当下，比如，尽情享受阳光，品尝一杯好茶，听朋友的倾诉，甚至安静地做家务。或许你已经从中感受到了一些乐趣。可是那又怎样呢？这一切是否真的可以让你融入世界并获得内心的平静呢？或许有那么一刻你做到了吧。接着……你又回到了原来的状态。

活在当下不能被简单地归结为一种感受、一种安稳、一种愉悦或是一种乐趣。否则，任何的消遣活动都可以让我们轻易地达成活在当下的目标。其实，活在当下就是感知自己存在于这个世界。显然，这又对生活的意义提出了质疑。

质疑生活的意义

你觉得生活的意义是什么？关于存在的问题里，

这是最难回答甚至最可怕的问题。有谁能回答这个问题呢？是否只存在一种生活的意义可供我们追寻呢？法兰西学院院士程抱一(François Cheng)[1]这样写道："如果完全不存在生活的意义，那么我们就永远不会想到意义这件事。"³然而，在治疗过程中经常会出现这样的情况。有些患者泪流满面，只能无奈地说："我不知道！"的确，我们怎么知道自己在这片土地上做了什么？为什么我们会在这里？我们每天做的事是为了什么？是什么让我们继续活着？我们一生的工作便是逐个回答类似这样的问题，除非我们根本不愿意思考这些问题。但需要注意的是：如果我们选择否认生活的意义，并且将其排除在我们的意识之外，那么我们就必须无休止地承受来自童年时期的恐惧情绪。因此，我们必须找到一些相关的线索来回答这些问题。首先，我们可以从以下几个方面来阐释对"意义"一词的理解。

---

[1] 程抱一（1929-），法国著名华裔作家、诗人，法兰西学院首位华裔院士。——译者注

1）意义在于生活的含义：这关乎我的人生意味着什么，我的人生故事的连贯性以及我的人生所要表达的内容。

2）意义在于生活的方向：这表明我的人生会去向何处，会是什么模样，以及会追求什么样的理想。

3）意义在于生活的感受：这表明我对自己存在于这个世界的事实有何看法与感悟。

针对这三点中的任意一点，我们都可以对自己提出许多问题，但是我们很快又会被这些问题弄得晕头转向。这就是为什么在治疗过程中最好先询问我们所处的位置。按理说，如果你还无法回答这个问题的话，那么可以肯定的是：之所以你的生活中存在痛苦与烦恼（焦虑、抑郁、恐惧、愧疚、停滞不前等），是因为你现在所处的位置并不合适。因此，我们再次想到了在上一节中提及的治疗秘诀：想要成长，想要真正过上自己的生活，就必须转换位置。还有一点可以肯定的是：如果你的生活中存在痛苦的话，那么我们可以说，此刻你所处的这个"错误的位置"在某种程度上也是一个"痛苦的位置"。这个位置正好可以作为一个出发点，让你去追寻生活的意义，从而不再让自己感到痛苦[1]。

事实证明，我们对待过去与未来的具体做法恰好可以帮助我们转换位置，同时帮助我们走出童年时期的封闭状态，去探索一种完全不同的人生状态。

重拾过去：叙事方法

你会如何讲述自己的人生故事呢？

相比于记忆力丰富时的你，此时的你几乎没有什么回忆，所以你想要讲述自己的人生故事会更加困难。但是不管怎样，你所叙述的内容一定是支离破碎的，甚至不由自主地充满了各种混乱且虚假的回忆，因为这些回忆已经被重新构建或诠释。因此，存在主义心理治疗的其中一项功能便是摸索记忆中的空白、谜团、矛盾以及疏漏。但是它的目的不是找回真正的记忆，而是认识真正的自己。

人们开始对所谓的"叙事方法"产生兴趣。"无论对于个人而言，还是对于民族而言，在时间与变化之中，

---

[1] 值得注意的是，这一推论与佛教哲学相呼应。佛教认为，（各种意义上的）痛苦是"四圣谛中的第一圣谛"，也是我们存在于世的主要特征之一。为了摆脱痛苦，和斯多葛主义者一样，信佛之人也常说："不要沉浸在过去，也不要幻想未来，专注于当下。"

叙事可以确保我们的身份认同。此外，叙事不仅可以反映个人或民族的特点，还可以参与身份构建的过程。"[4] 因而，当我们谈论自己的生活，甚至谈论自己的痛苦与恐惧时，我们宁可参照自己的叙事，即一套大致完整的信念，也不愿参照现实。然而，"每个人都会受到主流文化叙事的影响。他们认为自己无能为力，还受制于自己身上最不确定的部分。心理治疗师的作用就是帮助他们形成与他们的身份认同相关的叙事。在这样的叙事中，他们可以更多地参与进来并且具有'自主控制的权利'"。[5]

还有很多方法可以帮助患者更好地讲述自己的人生故事以及倾听自己的声音。所有的叙事（无论是你的还是我的）都与所谓的互文性有关。你所说的内容有时并不是你讲的，而是别人讲的，可能是你的父母，你了解的作家，你见过或听过的人。哪些内容属于你的父母？你又从亲人甚至祖先那里继承了什么？当然，这些都是我们要问自己的问题。

病例：泰奥——叙事混乱

在叙事疗法中，人们总是关注叙事隐喻、叙事结构、叙事时间模式、叙事情节等。由此我想到了一位24岁的年轻患者——泰奥。他说话逻辑混乱，所以我经常很难理解他说的话。他总是胡乱地向我叙述一些事件，而我也总是被他弄得晕头转向。我必须不停地向他询问细节，比如日期和相关人物。此外，他大多数时候都没有把话说完，经常插一句"我不知道"，然后突然转移到另一个话题。他说话总是吞吞吐吐而且语序颠倒，所以他说的话没有任何意义。就这样，我被泰奥卷入了他混乱的叙事中，而且他的这种混乱带有融合式消除的特点。

奇怪的是，这位年轻人的文笔却简洁明了。只有当他必须面对其他人时，他才会出现逻辑混乱的现象。与其说他自发的语言能力是病态的，倒不如说他与别人的直接关系在某种程度上是病态的。事实上，泰奥和自己的母亲维持着一种融合关系，他的母亲依赖性很强而且患有抑郁症，他的父亲虽然可以帮衬他但却总是非常焦虑。围绕在父母身边的泰奥一直被囚禁在安全基地中，害怕走进自己的生活。他所有的恋爱经历都以失败告终，以至于他好几次都想了结自己的生命。他的父母越是想帮助他，就越会阻碍他克服自己的抑郁症。因此，他必须让自己转换位置。

为了实现所谓的转换位置，我常常建议患者简要写下他们的生平事迹——不管他们是否拥有很多回忆。其实这并不复杂。他们只需要拿出一个记事本，然后在页面左侧写下人生的每一年，即从第1年一直到第N年（与自己的年龄相对应）。在页面右侧每一年所对应的位置上，他们可以简单地写下自己能够想起的回忆，比如重要的地点，有意义的事件，兄弟姐妹的出生，搬家等等。重点在于要记录有具体时间与地点的事件，即明确的事件。举个例子："我记得某一天，在某个地点，和某人一起做了某件事。"

但需要注意的是，这项任务存在几个难点。

第一个难点在于患者的防御机制，它往往会阻碍患者的回忆。我们要知道，回忆其实就是愿意走进自己的生活并在某种程度上直面自己的死亡。因而，当我们想要坐在书桌前写下自己的回忆时，我们可能会感到既颓废又劳累。正如我上文提到的那样，好多位患者在治疗过程中不停地打哈欠，几乎快要睡着了！其他患者也告诉我，他们感到轻微的眩晕，有恶心的感觉而且浑身难受，甚至还会出现腹痛或头痛的症状。但是我们可以放心，这都不算太严重。

第二个难点：即使我们没有这些感觉，我们也可能写不出任何回忆，只留下白纸一张。因此，我们不得不依靠各种已有的手段来寻找过往的痕迹，比如翻看照片，查阅家族资料，询问父母、亲戚或朋友等等。

病例：路易丝——调查一段被遗忘的人生经历

年近四十的路易丝有三个孩子。她长期遭受焦虑与恐惧的折磨：害怕与人交流，害怕处理自己的行政事务，害怕在工作中表现自己，过度害怕自己的孩子，害怕黑暗，害怕性行为，害怕辜负别人，害怕变胖等。她几乎没有什么回忆，而且也从不谈论自己的过往。她承认道："我的孩子们不了解我，我也不熟悉他们的童年。我不记得那些与他们一起度过的重要时刻，这令我感到非常羞愧。为此，我也觉得十分痛苦。"

路易丝花了几周的时间把她的相册从地下室里搬上来，然后又花了几周的时间查看这些相册。她充满疑虑地看着相册里的照片，然后说道："我想起了那一刻，但是我不知道那一刻前后究竟发生了什么。翻看孩子们的照片时也是同样的情况。我有些不知所措，而且找不到自己的位置。"

在调查过程中，路易丝一点一点地写完了自己简要的生平事迹，然后为了记住这些事件，她将其分成了几个阶段。她不仅了解了自己的生活，还打听了父母与祖父母的生活。在这一过程中，她找回了一部分的自己，这一部分虽然曾经被忽视，但却十分重要且极为珍贵。不久之后，她便意识到自己已经不再是原来的自己。她想起来了每一刻前后的自己。她的人生舞台也发生了转变。她觉得自己更多地参与到了过去以及现在。从这个意义上来说，她成长了，而且她也很快证实了这一点，因为她发现自己的恐惧得到了缓解。

这项任务具体有哪些好处呢？好处当然是多种多样的。

首先，这项任务将你重新定位在一个更广阔的时间范围内。它让你走进人生的"开放期"，同时又走出童年的"封闭期"。这项记录自己生平事迹的任务，不会像儿童乐园的旋转木马一样让你不停地在原地绕圈，而是会让你进入一个更大的时空范围，这个范围包含过去、未来以及人生的各个阶段与时期。回头看看那些曾经走过的路，可以让你重新审视你面前的广阔前景。当然，你必须接受自己的过去并自愿承担相应的责任，同时承认自己的过去是独一无二的。

其次，需要注意的是，重塑自己的人生经历意味着要与父母的人生经历保持距离，有时甚至意味着要质疑家族叙事——随着时间的推移，这些叙事已经成为了耳食之言，与现实毫不相干。想一想那些迟早会水落石出的家族秘密，那些彼此之间传递的错误信息或虚假回忆，那些必定会被揭开的灰色地带……因此，修正自己的人生经历其实就是违抗父母的命令，就是尽力去背叛父母。通过承认自己的家族血统，你当然可以确认自己属于这个家族，但与此同时，你也可以改写自己的人生经历，然后发现你可以遵循自己的人生道路。这其实就是脱离"安全基地"（见第一章），即远离父母并建立内在的安全感。

这项叙事任务的另一个好处在于，描述自己的人生经历有助于我们更好地区分并确定童年生活与成年生活。因此，我们才有可能承认童年确实在某个时刻已经结束了，即使我们会不自觉地否认这个想法。看着眼前的生平事迹，你终于可以像我们说的那样"关上童年的大门"。不过你应该知道，童年结束总是会留下极度悲伤的印记。然而，你可以接纳并忍受这种悲伤。做到这一点其实并不难，因为这种悲伤通常伴随着内心的平静。

存在主义以及斯多葛主义心理训练

有些人完全无法将自我投射到未来。当然，他们可以设想未来几天要做的事情，甚至预想本年度的重要节点要做些什么，比如假期和节日有何计划，但是所有的计划都过于简短而且缺乏现实性。当我向患者提出更具体的问题时，他们完全答不上来，比如有关他们的个人计划以及他们自己想做的事情。有些人甚至觉得自己与未来之间隔着一堵墙，他们感到非常迷茫、虚无。有人曾经告诉我："我无法想象接下来会发生什么。我活着只是为了工作。"

这种对未来的远见正是孩子所欠缺的。刚才提到的那个人还补充道："我的父母并没有为我设想过未来。"他承认，虽然自己已经50多岁了，但是仍旧期待父母可以为自己制订人生规划。

存在主义心理学大胆地借鉴了古典哲学的智慧，提出了一些非常简单的心理训练。这些心理训练有时会出人意料，甚至令人不安，但却总是能够让人们摆脱对未来的否定。

在治疗过程中，第一项训练就是在自己的年龄上下功夫。你是如何接受自己的年龄的？有些人对时间的流逝感到非常不安，以至于他们要花十几秒的时间才能想起自己的年龄或出生日期，有时他们还会犹豫、怀疑，甚至出现错误(特别是如果他们习惯于谎报年龄的话)。紧接着，在个人生平事迹的基础上，我们会要求患者在纸上画一条线，然后用小叉号来表示自己的出生与死亡。这一简单方法可以让患者学会将自我投射到未来并融入一种人生有限的思想。如果患者认为自己有能力进行延伸训练的话，他们可以试着写一写自己的追悼词……

在这种情况下，心理治疗师应该认真关注患者的所有细节，比如姿势、表情、用词……通常来说，人们会变得焦躁不安，做出大幅度的动作，甚至满脸通红。他们体内似乎有一股巨大的能量，马上要释放出来。这其实并不奇怪，因为如果你由衷地接受自己终将死去的事实，那么某种古老的防御机制（激动情绪）便会通过补偿的方式让你觉得自己拥有更强的生命力。倘若此时一种所谓的"断路器"突然出现，让你控制不住地想要睡觉，那么这种古老的防御机制便会失去它的作用。

但是，我们无法确定直面死亡是否为最好的办法——至少在治疗初期无法确定。事实上，重拾过去的任务已经取得了相当大的进展，更确切地说是让未来变得可以预见。对此，我们不妨看看两千多年前斯多葛派哲学家提出的人生建议。

我最先想到的是人们口中常说的"希耶罗克勒斯之同心圆"。每天早上，我们想象自己位于一个小圆圈的中心，一开始这里只有自己，然后圆圈开始不断扩大，囊括了自己亲近的人，不亲近的人，全人类乃至全宇宙，整个过程是为了让我们意识到自己属于这个庞大的宇宙整体。这就是如今人们常说的"正念"[1]。就我而

---

[1] "正念"是指用特殊的方式集中注意力：有意识地、不予评判地专注当下。——译者注

言，我经常建议把未来的时间也囊括进去。因为即使我们不知道未来会发生什么，我们至少可以设想一条自己的"人生时间轴"，包含了几个重要的人生节点，比如职业规划、退休、成为祖父母、衰老……死亡。如果有必要的话，我们可以在记事本上画一条涵盖这些人生节点的"时间轴"。我们还可以按照西塞罗（Cicéron）[1]所写的《论老年》与马可·奥勒留（Marc Aurèle）[2]所写的《沉思录》那样去思考晚年生活以及时间的流逝。

总之，我们要牢记，重拾过去并计划未来意味着逃避父母的命令与设想。父母要我们做什么？我们又对父母做了什么？如今，我们可以在多大程度上重新选择我们这一生要做的事情呢？

我们不需要立刻回答这些问题。不妨先记住萨特的这句话："重要的不是我们将自己变成了什么，而是我们在改变自己时做了什么。"

---

[1] 西塞罗（前106-前43），古罗马著名政治家、哲学家、演说家、法学家。——译者注
[2] 马可·奥勒留（121-180），罗马帝国政治家、军事家、哲学家。——译者注

第二部分

害怕表达自己

为什么很难认清自己？

"我甚至不知道自己内心真正的想法是什么，"一位25岁的年轻女士哭着对我说道，"我也不知道自己究竟是谁。"

描述自己的口味、喜好或者某些性格特点，这对于我们来说很容易，但是说到自己是谁，那就是另外一回事了！一般而言，在面对不同的人时，我们会有不同的行为举止，因为我们是多变的。我们时而勇敢，时而懦弱，时而快乐，时而悲伤。我们有时会突然产生一些情绪，但是我们却无法克制自己的情绪。因此，我们特别想了解别人的看法。我们可能会通过占卜师、每日星座运势或在线人格测试来寻求答案，但是我们常常会对结果感到失望，因为我们所了解到的都是自己已知的事情。

为什么人很难知道自己究竟是谁呢？原因或许有些出人意料：其实我们并不想知道。

许多人宁愿降低自己的存在感并且从人们的视线中消失，而还有些人则更愿意按照他们的意愿把自己想象成一个伟大或杰出的人物。事实上，我们更加可能对自己存在幻想，因为真实的自己并不比小时候的自己更让我们感兴趣。如果我们真的想知道自己是谁，我们是否已经做好准备对自己的价值和地位提出疑问呢？我们是否已经做好准备接受自己已长大成人的事实及其所带来的影响呢？

第三章

寻找自我意象

害怕力所不及

"无用感"与"空虚感"

"无用感"(即自认为"一无是处")向来都不是基于客观事实的自我评价：它始终是一种自幼形成的完全虚构的信念，它可以让融合关系下的个体否认自己的责任。我越没有用处，我的存在感就越低；我越感觉不到自己的存在，就越不容易焦虑。

有些成年人并不了解自己内心正在运作的童年时期的防御机制，对于他们而言，"无用感"显然是一种折磨。他们只知道自己"缺乏自尊"，但却不明白到底是为什么。他们感到非常懊恼，因为他们没有成为更好的自己，没什么优点，个性乏味。与此同时，当他们想到自己"一无是处"或者自称是个"酒囊饭袋"的时候，他们还会展现出一种自我满足——有时甚至是一种乐趣。人们都说他们其实非常谦虚而且谨慎、现实。难道他们不应该感到很无奈、很挫败、很被动吗？

当然，他们想象不到这样的生活态度可以保护他们，因为他们可以避免想到死亡、孤独、责任以及生活的意义。他们更想象不到，在自己身体里说话并且不断评判自己的人，正是父母。更糟糕的是，他们没有意识到，虽然他们已经成年，但却执意认为自己是个孩子。因为孩子倾向于用"仰视"的视角来看待事物。与成年人相比，孩子很难将一些优点内化为自己的特性，甚至很难关注自己的内心。他们认为自己"没有这样的能力"。

但是，如果成年人一直抱有这种生活态度的话，他们会在不知不觉中产生一种深深的空虚感。他们会尽力袒露自己的内心：他们就像"透明人"一样什么话都说，对自己毫无保留。他们忍不住想要表达自己的想法，所以他们几乎没有秘密，而且他们也没有坚定的信念和明确的意见。他们不想让自己变得独一无二，反而更倾向于让自己变得"大众化"，即成为海德格尔所说的"常人"。既然他们想消除存在感，那么就必须保持一种无法被定义的状态。内心的空虚使他们能够为他人留出位置。他们就像手套一样，等待着可以赋予他们活力的双手，而这双手也会替他们承担相应的责任并接受他们的行为与存在。他们确实会因此获得一些好处，比如抵御他们的存在性焦虑，但是他们也将为此付出巨大的代价，比如忍受内心的空虚。他们还要花时间去忍受无聊的感觉，同时又害怕身边的人会离开自己。他们会尝试用各种幼稚的小技巧来留住身边的人，比如指责、诱惑、生气、内疚、冲突、奉献……总之，他们会把自己封闭在一个充满痛苦的恶性循环中：对死亡的焦虑促使他们通过维持内心的空虚来保护自己，而这种内心的空虚又会反过来引起他们的焦虑，担心自己消失在虚无之中。因此，自我贬低的人常常会出现全身性肌肉收缩（脚趾、手部、下巴、背部、颈部）的现象，而且常常是持续性且不自主的——这一切仿佛表明，只有依靠自己的肉体，我们才不会陷入内心的空虚。

在融合式消除机制下，不愿接纳自己的成年人会一直贬低自己，不断地消除自己，然而在英雄式全能的机制下，他们会表现出外向且（虚假）自信的一面，尽管如此，他们依旧认为，自己所展现的张扬个性完全是一种虚幻，是伪造出来的。因此，拒绝认清自己的行为主要有两种表现方式：贬低自我或夸大自我。

贬低自我

"我真是太蠢了!"

我们每个人都有这样的经历,因为一些无关紧要的小错误,比如忘记带伞或者走错路,而这样骂过自己。我们都有过这样的行为,而且仍然会继续这么做,但是我们却从未意识到这种类似条件反射的行为有多么强烈与荒谬。况且我们也从未想过自己是如何学会这样贬低自己的。

我们必须承认,没有人曾经这样对我们说过:"如果你犯错了,你应该辱骂自己。"我们或许是通过近距离观察他人而学会这种行为的。同时,这也可能与社会禁令有关,它本身源自于一种道德观念,这种观念要求我们每个人都成为评价自己过错的法官与裁判官。然而,如果我们仅仅因为一些小事而辱骂自己,那真是太不可思议了!更何况我们还必须大声说出这些粗俗的表达,而不是让其停留在我们的头脑中。奇怪的是,我们似乎必须让自己或他人听到我们辱骂的声音,才能让辱骂行为真正起到作用。[1]试一试,只在心里辱骂自己,而不宣之于口,你会发现你确实无法在心里辱骂自己,所以辱骂行为无法成立。相反，当你大声说出那些话的时候，辱骂才真正具有伤人的作用。尽管如此，我们早已习惯了日常生活中的语言暴力，以至于我们并没有把这些话放在心上。

这一切揭示了我们的社会向来不知道该如何运转，只能通过个人的暴力、堕落与毁灭来发挥作用。事实上，不存在自我表扬的条件反射。的确，没有人会因为对自己的行为满意就大声说："我真是太聪明了！"当然，有可能的话，我们还是会冒险一试，要么以自嘲的方式，要么让自己意识到我们可以违反另一项社会禁令——永远不要对自己感到满足。如果我们执意冒险的话，我们会立刻受到别人的嘲笑与惩罚，甚至被指责自命不凡。更糟糕的是：在内心深处，我们会认为别人这样做是有道理的。

因此，我们必须公开辱骂自己，却只能私下里表露出骄傲自满的情绪。多么离奇的社会啊！？它竟教导你，你应该为了自己的过错而辱骂自己，但绝不应该为了自己的成功而称赞自己！

在融合式消除机制下，不愿接纳自己的成年人很快就明白了这一禁令所具有的防御性优势。他们顺从父母与社会，积极地参与到自我贬低的行动中来，尽管他们并没有真正地意识到这一点。他们不想长大，所以他们尽可能地让自己变得渺小且微不足道。随着成长，他们会习惯于选择失败，而非成功；他们更喜欢消极、悲伤且令人沮丧的回忆。因此，有些人或许还在时不时地回想人生中那些忍气吞声的时刻。也许15年前，我们在排队的时候遇到陌生人插队；高中时，有人在操场上得罪我们而我们却无力还击。我们回想起这些不同的场面，并在想象中给自己一个全新的机会去猛烈地回击。我们可以从中获得短暂的乐趣，然而经过数小时的无效思考，我们最终会意识到，这一切只会让我们在自己的眼里变得更加令人失望……

对"丑陋"的恐惧

成年人的自我贬低与其自卑的状态之间存在着紧密联系，这些成年人其实是在模仿那些尽力弱化自己存在感的孩子。因此，融合关系下的成年人因为受到他人的保护而感到安心，他们会不断加强自己在突发事件面前无能为力的印象。他们发自内心地认为，生活是不公平的，而他们只是运气不好罢了。从此，他们便开始不停地寻找可以保护自己、安抚自己、宽容自己并帮助自己的人。与此同时，他们也默默地尽力让自己不从他人提供的帮助中获得益处，进而阻碍自己的成长。他们为什么要这样做呢？因为对他们来说，保持自卑的状态至关重要，这样的状态可以使他们无须直面自己的生活。

这一切经常会导致他们陷入真正的"自我恐惧"：他们厌恶自己，无法忍受自己的声音，无法面对照片或镜子里的自己，更不用说视频里的自己。他们害怕自己"丑陋"、不够迷人，并一直活在这种恐惧之中。他们可能会经常对着镜子辱骂自己，嘲笑自己的身材，在别人面前批评自己。他们也可能会咬自己的手指甲，扯自己的头发，抓伤自己，但却从未意识到这或许也是一种轻微的自残行为。

我们希望以一切可能的方式来淡化"成年人"的身份，虽然我们已经长大成人，但是我们仍然不自觉地想要拒绝接受这一令人担忧的身份；因此，我们想把自己缩小、简化、削弱甚至降级，仿佛这样我们就可以神奇般地回到儿时的状态。我们还试图将自己隐藏起来，比如用衣服或类似头巾、围巾的配饰来遮盖自己，不停地用手或头发挡住自己的脸庞，把头缩进肩膀，尽量减少与他人的眼神交流。我们甚至想让成年人的身份彻底消失，或者废除这一身份。哲学家萧沆（Cioran）[1]曾经说过这样一句话："我真希望自己没有出生。"而我们当中又有多少人未曾这样想过呢？

心理肥胖症

毫无疑问，内心的空虚感（我所说的是一种空虚的感觉，而非真正的中空，因为没有人是完全中空的）会让我们疯狂追求消遣活动。事实上，克服空虚感的唯一方法就是通过某种填充物来强制弥补这种感觉。很多人都会这样做，要么通过进食，要么通过沉迷于电子设备、休闲活动、时事新闻或

---

[1] 萧沆（1911—1995），罗马尼亚裔旅法哲人，20世纪著名怀疑论、虚无主义哲学家。——译者注

者工作学习等。最终,他们会患上一种所谓的"心理肥胖症",原因在于他们吸收了大量的信息与感受,简而言之就是一切可以"滋养"心灵的事物,然而这些事物却只能让他们的心灵充斥着无用且沉重的内容——之所以无用,是因为这些内容根本无法填补内心的空虚感。填补这种空虚感意味着自我成长与发展,进而显示出自己的优点,可是这一切却与消失殆尽、一无是处的行为要求背道而驰。于是,在这些要求的影响下,他们渐渐地开始刻意关注那些无聊、短暂且肤浅的事物。持续更新的新闻频道与社交网络便是为此而诞生的。大量的新闻与评论让人们觉得自己学到了一些东西,但其实这里面所有的内容对于个人自身建设没有任何实质性的帮助。

心理肥胖症的概念是很有用处的,只要我们对自己稍微诚实一点,它就可以帮助我们区分哪些是真正构成我们自身的事物,哪些只不过是我们精神财富的外在标志。此外,这一概念也让我们意识到,为了不想长大,那些不愿接纳自己的成年人往往会出现(心理上)发胖的迹象。

夸大自我

害怕脱离童年，害怕成长，甚至害怕表达自己，这些恐惧情绪不一定都表现为害羞或自我消除。的确，有些成年人会制造出一些假象，让自己看起来非常自信。40多岁的记者帕特里克就是这样的情况，大家在聚会的时候很难不注意到他。他说话特别大声，又喜欢在人群中挤来挤去，还会不假思索地向大家抛出一些略微粗俗的"笑点"。任何事物都无法阻挡他的脚步。但是无论他走到哪里，都会遭到大家的嫌弃。好在幸运的是，他友善的性格让他得到了大家的谅解，而大家也好像是在原谅一个4岁的孩子，对于他突然闯入成人聚会并打翻开胃小蛋糕和酒瓶的行为表示谅解。

虽然身边的人都认为他是一个真正的成年人，但事实并非如此。他过度的言行举止暴露了这一点。采用英雄式全能机制的成年人和采用融合式消除机制的成年人一样，(私下里)常常会感到空虚，但是他们会通过幻想自己非常重要来应对这种空虚感。这种幻想具有以下主要特征：

- 觉得自己很"特别""与众不同"，甚至生而不凡；

- 非常想要得到他人的认可；
- 倾向于以自我为中心，而非他人；
- 倾向于培养自己强烈的野心，同时幻想自己很成功或很伟大，虽然有时这种幻想过于夸张；
- 倾向于夸大自我；
- 觉得自己比他人优越，并且伴有一种居高临下的态度；
- 想要脱颖而出，给人留下深刻印象，在全世界留下自己的足迹；
- 喜欢辩论、对抗、反驳、挑衅，想要说服他人、控制他人；
- 倾向于成为关注的焦点。

在那些运用英雄式全能机制的成年人身上，自我恐惧的现象乍一看似乎并不明显，因为正如大家所说，他们的自我是"非常庞大"的。然而，正是因为他们知道自己和所有人都一样（即终将逝去），所以他们才希望自己可以像个英雄一样活着，甚至凌驾于普通人之上。因此，英雄式全能其实就是为了隐藏自我恐惧或真实自我的一种形式，而真实自我必须被崇高且理想的自我形象所代替。

此时,他们可能觉得自己就是一位被埋没的天才,幻想有一天因为自身巨大的潜力而被世人所发现。他们在想:谁会来发掘我呢?谁会将我公诸于世呢?许多科幻小说都运用了这种"天之骄子"的幻想,虽然小说里的人物表面上看起来很普通,但是我们会突然发现他们可能拥有某种特殊的能力或者某种非凡的血统。然而,这些不过是传说故事中推动情节发展的常用手法,现实生活中从不会上演这样的剧本。我有一些关于写小说的想法,而且我也会偶尔写一些故事片断……但是在我写出一部完整的作品之前,绝对不会有出版社的编辑上门来找我。对于那些不为人知的"高潜力"或"高创造性"的人才亦是如此。只要他们没有发挥出自己的潜力,这些潜力就不存在任何价值。然而,不愿接纳自己的成年人往往会坚持幻想成为一名"伟大人物"。一位30多岁的男士告诉我:"我从小就想成为一名伟大人物。一直以来,我都觉得自己与众不同。"他甚至预言自己将前途一片"光明",然而却不知道该如何实现这一点,因为他承认自己并没有特殊的使命。

他们是狂妄自大吗？是痴心妄想吗？当然都不是。这位年轻的男士和大家一样，已经完全融入了社会，他和伴侣一起工作、生活，在任何方面都表现得非常出色。他热切地想要成为大家口中所说的"伟大人物"，但他并不知晓，他说的只不过是孩子眼中看到的真正的成年人——这里所说的"伟大人物"其实就是身材高大的人物。我们小的时候都很敬佩自己的父母，对吧？对于他们的力量，他们的威严，他们应对一切、保护我们、拯救我们的能力，或者相反，他们惩罚我们的能力，我们都既敬佩又畏惧。因此，他们就是我们幻想中的"伟大男性"与"伟大女性"。理想状态下的父母至少教会了我们什么是"伟大"。但是，如果我们拒绝长大，那么我们就会不自觉地将这种"伟大"的榜样转变为一种英勇、夸张、不真实且无法实现的形象。我们将"创造历史"的伟大人物作为自己的榜样，而不是将那些获得同龄人认可的成年人作为自己的榜样。因此，财务略微自由会被我们幻想成巨大的财富，而职业能力或艺术能力则被我们幻想成纯粹的天赋。

从青春期开始，如同全能英雄般的孩子便会突然对真实状态下的父母感到失望。他们不仅会发现父母的缺点和弱点，还会发现父母在面对死亡时的脆弱和无力。从此，为了消除自己的存在性焦虑，他们便开始努力超越父母树立的榜样，这会让他们觉得自己比父母更聪明、更有德行、更清醒、更成熟。有时，他们甚至会瞧不起父母，这会让他们的青春期变得特别难熬。当他们成年以后，面对普通人，他们可能仍会保持优越的姿态。因为年轻且资历尚浅，所以他们能够轻易获得别人的照顾，但是他们却执意想要成为别人的榜样，成为领导者和组织者，简而言之，就是将自己视为一切的中心。有时，为了得到大家的喜爱，他们会不断地费尽心思，付出巨大的努力，比如装模作样、虚张声势，建立良好的沟通，大声表达自己的爱意，提供各种各样的帮助，尽力成为"最受欢迎的人"(包括心理医生)、最受喜爱的人以及最幸运的人。由此可见，他们其中一个远大志向，就是在社交网络中收到最多的"点赞"……

然而，他们也可能会表现得更为冷淡，更有竞争意识。这样一来，他们会变得更难和别人相处，更加神秘，更加冒失，更加霸道。他们希望给别人留下深刻印象，却又无法接受别人的建议，而且非常敏感。的确，任何有损他们自己所塑造的理想形象的行为都可能导致可怕的焦虑情绪喷涌而出。

确切来说，这些焦虑情绪会时不时地显露出来。无论是自我贬低的成年人还是自我夸大的成年人，他们都永远无法像自己希望的那样变得微不足道或者卓尔不群。他们知道自己不过就是一个因为不想长大而给自己讲述一些虚构故事的成年人。

害怕成为"冒牌货"

"冒牌货综合征"

70%的人在生活中至少有一次认为自己不配拥有成功。还有一小部分人总是质疑自己，并将自己的成功归结为运气或有利的条件。他们身上有一种非常强烈的不合理的感觉，一般来说这种感觉与缺乏自尊以及自我贬低有关。因此，尽管大家称赞他们，认为他们才华横溢、能力突出、专业技能出色，但是他们坚持认为自己像个"冒牌货"，可能随时都会露馅。

被这种"冒名顶替感"所折磨的人会有两种不同的反应。他们可能会出现行为过度的现象——换句话说，他们会做很多的事情。他们会在工作上比别人花更多的时间，会处理职责范围以外的事情，执行那些通常不属于自己的任务。他们通过这样的方式，弥补自认为自身存在的缺点。他们也可能会出现行为不足的现象，也就是说他们比别人做更少的事情，表现出较低的活力和积极性，甚至提前宣告自己可能会失败。无论如何，他们都会觉得自己像个"活生生的骗子"，当他们真正获得成功时，他们可能更会有这样的感受。

关于"冒牌货综合征"，人们目前尚未发现它的确切来源。1978年，两位研究员[2]提出了这一综合征，但是她们最终却后悔称其为"综合征"（综合征是指一系列症状的总和）。她们建议今后以合理的方式将其称为"体验"，从而不会让人们联想到精神障碍。然而，如何解释这种本质上很正常的"体验"对一部分人的影响要大过其他人呢？

你在假扮成年人吗？

尼采曾这样写道，"每个人的心里都藏着一个爱玩的孩子。"即便我们拒绝长大,可我们还是长大了。我们的身体会发生变化,而且不管我们是否愿意,从某个年纪开始,全社会的人都会将我们视为一个成年人。因此,我们必须隐藏自己心中那个"爱玩的孩子"才能瞒过所有人。

或许你也是这样的吗?你也常常觉得自己在假扮成年人吗?一些患者讲述了他们是如何应对这种感受的。其中一位患者告诉我,"我现在穿着成年人的服装。早上我穿上这件服装,晚上我又脱掉它。"这件"服装"不只代表着某种特定的着装(比如女士的高跟鞋、套装,男士的正装等),还代表着一种态度:严肃的面孔、成年人的语调;甚至还代表着对成年人的世界假装感兴趣的能力,如时事、历史、政治……总之,这是随着时间的推移而形成的某一角色的"服装",它可以隐藏自己不成熟的一面。最重要的是,哪怕在自己的眼里,人们也要把孩子般的特性当作成年人的品质去看待。因此,孩子的适应能力以及对冲突的恐惧被认为是他们的亲切与友善;自我掩饰被认为是一种倾听的能力;消极的状态被认为是内心的平和;接受他人的意愿被认为是一种人际交往中的优点；体重超标被认为是一种个性；肆意发泄愤怒被认为是性格的力量。

当然，这种外在的表现需要不断的努力才能得以维持：我们要听新闻，才能了解时事；要听朋友倾诉，才能重复朋友所说的话；晚上要花15分钟的时间阅读左拉（Zola）[1]的作品，才能附庸风雅；想方设法地逃避写作才能避免暴露自己对拼写的恐惧；模仿周围人的时尚风格或者理智地看待一切事物，才能更好地让自己的情绪消失……一直以来，我们既可以展现自己融合式消除的一面，也可以展现自己英雄式全能的一面。当我们倾向于展现英雄式全能的一面时，我们往往会造成一种成熟的假象，这让我们开始幻想成年人的状态，而不是真正地去实现这种状态。我们表现出强烈的个性，却又不完全信赖这种个性。

许多患者告诉我，他们暗自渴望"解开"这件令人窒息的成年人的服装。因为他们总在害怕别人会发

---

[1] 左拉（1840-1902），法国自然主义小说家和理论家，自然主义文学流派创始人与领袖。——译者注

现那个隐藏在自己内心且带有隐喻性质的孩子。此外，他们还一直活在痛苦之中，因为他们不能随心所欲，不能放下戒备，不能做真实的自己。下面这句话很好地解释了所谓的"冒牌货综合征"：冒充行为的目的并不在于隐藏我们的工作或其他能力，而是在于坚持隐藏我们不成熟的一面。当我们发觉真实的自我就是那个隐藏在成熟外表下的孩子时，我们怎能不担心自己最终会被识破呢？我们又该如何相信正在"伪装"的自己呢？

缺乏自信

"我很难相信自己。"人们有时会这样告诉我，其后的原因不言而喻。大家似乎都在暗中执行着一项命令："我不应该相信自己。"这项命令的作用便是不断地说服我们，自己并非是个成年人。因而，它阻挡了我们可以展现自己的所有机会，而且，展现自己可能会让我们直接面对责任、死亡以及孤独的焦虑。再者，当我们觉得自己是个"复制品"的时候，我们该如何表达自己呢？"我对自己没有信心，"一位女患者这样对我说，然后又立刻补充道，"我总是这样问自己：'你是不是准备把事情搞砸呢？'"内心的那个孩子强迫她与别人进行比较，让她保持警惕，致使她不停地去请求别人的原谅。在这样的情况下，她会和内心的那个孩子对话吗？

我们主观地认为，有一股未知的力量或者一个奇怪的物体偶尔在我们身上发挥作用。小的时候，我们可以下定决心，做出决定，但是我们却无法坚持到底。最终，我们开始担心，在我们的内心深处或许存在某个实体，它正蓄势待发，要击败我们并且可能会伤害我们。这股反常的力量或许就是我们自身，可是我们竟对它一无所知！

拒绝长大的想法的确可以很好地解释缺乏自信的现象，但实际上我们有时候在想，自己是否会失去理智，变得精神错乱，做一些非常不合理的事情，甚至逃避自己，我们还在想为什么自己没有反过来攻击自己。除此以外，你是否曾经因为害怕签错名而逃避在商店里填写支票呢？你是否曾经有过控制不住自己的感觉的时刻，有没有可能是你的"无意识"正在捉弄你呢？

害怕精神错乱

失去控制

哈特曼（Hartmann）[1]、叔本华、尼采以及其他学者都曾提到过"无意识"这一概念，而弗洛伊德也重新采用了这一概念。自此以后，我们便习惯性地认为，在我们的身体里存在着某种神秘的物质，它是我们心理的一部分，但又似乎并不是，它驱使着我们以某种方式行事并且"严格审查"我们的心理表征，总而言之，它决定着我们的一切。我们可以自由行事并且选择自己的喜好或品味，并非是由我们自身决定的，而是由我们的无意识决定的。因此，我们有时会没有缘由地做出一些行为。然而，那些看似与我们的意志或意识毫不相干的行为并不能证明无意识的存在。的确，我们无法控制大脑（以及身体）中发生的一切事物，但是这绝不意味着某人或某物在替我们做决定。这仅仅意味着我们的大脑正在经历复

---

[1] 哈特曼（1894-1970），德国心理学家、精神病学家、精神分析学家。——译者注

杂的认知过程，而这一过程并不需要个人意识的干预。

这个所谓的"无意识"不就是保留在我们心中的那份幼稚、冲动以及不理智吗？至少当我们审视自己的行为时，我们可以这样认为。例如，虽然我不应该吃巧克力，但是我无法控制自己不吃巧克力。我的意志为何不起作用呢？正如我之前所说，饮食冲动不单指的是进食的欲望：它也属于我们的防御机制，可以让我们逃避成长，从而无须面对我们的存在性焦虑。这一切的结果就是我们可以尽量不受控制地去做事。

在融合式消除机制下，失去控制的感觉相对而言似乎更让人安心，因为这就相当于解除了所有的责任。我们可以坚定地认为这一切"都不是自己的错误"。有位患者在治疗过程中对我说："我就是这样，我也无能为力。"这样的人通常对环境极其敏感。如果是雨天或阴天，他们会感到悲伤；如果是晴天，他们会感到欢欣愉悦。有人曾经告诉我："如果天气好的话，我觉得坏事不会发生在我身上。"总之，他们的内心不起决定作用，所以他们任由自己受到外界事物的影响，而且他们也没有足够重视自己内心的感受——或者说是内心的天气。

在英雄式全能机制下，失去控制会给人一种"非比寻常"或"与众不同"的感觉，让人觉得自己非常独特。当自认为是英雄的成年人在失败以后对自身重要性的幻想开始减弱时，或者当他们意识到自己显然无法凌驾于普通人之上时，他们可能需要做出一些过分的行为才能让自己立刻回到特殊的位置。比如让自己处于危险或愤怒之中，打破某样家具或某件物品，做事情毫无节制，把自己封闭起来并且不再讲话，或者说一些令人恼火的事情……在孩子身上，我们每天都能观察到这些行为，但是对于成年人来说，这些行为显然是不能接受的。

不过，还有一些被当作怪胎的行为让一部分人开始质疑自己是否正常。

觉得自己不正常

"我期待有人能对我说：'你是正常的。'"一位年轻女孩哭着向我倾诉道。人们难以想象患者对心理医生讲述的所有怪异行为和想法。尤其是那些没有任何精神障碍的患者，可以说"就像你我"这样的人，我们只是感到焦虑或者遇到困难罢了；这些人已经完全融入了社会，他们结婚生子，在工作中既负责又可靠，总之，他们充分适应了现实生活。可是，他们透露的这些情况还是会让人感到无比惊讶。

例如，一位大企业家告诉我，他在坐飞机的时候会偷偷地把酸奶扔向正在熟睡的其他乘客，以此来消磨时间。有些人会向我解释他们如何与自己的"守护天使"进行交流。有位女患者告诉我，她只有一件非常着急的事情：晚上回到家里听一听周围的嘈杂声，她将这些声音理解为来自另一个维度空间的信息。另一位患者通过在脑海里哼唱的方式来评论自己所做的一切。我们必须承认，很多人喜欢自言自语，或者会产生一些非常奇特的想法，比如关于死后的生活或世界上未知的维度空间等。我们通常会隐瞒自己的想法，因为我们害怕被别人当成疯子。

即使没有上述这些原因，我们也可以认为自己与他人存在本质的区别。可能是因为我们在承受痛苦，也可能是因为我们发现自己的生活中有太多黑暗、消极且令人失望的一面，还可能是因为我们觉得其他人并没有像我们一样在生活中遇到显著的困难或焦虑症发作时奇怪的症状。他们知道什么是突然的窒息感吗？他们知道什么是濒临死亡的突发恐惧吗？他们知道什么是杞人忧天的感觉吗？他们对那种忘记自我（人格解体）的奇怪感受了解多少呢？他们对怪异、令人担忧且捉摸不透的现实感又了解多少呢？对于那些未曾经历过的人来说，这些感受太过遥不可及。不过，我们内心所有的不安并非都是不正常的：大部分的不安源自于我们童年时的幻想与恐惧。

想象中的生活

发挥自己的想象力，让自己沉浸在可以远离现实的幻想与白日梦中，甚至暂时逃离繁重的日常生活，这些行为都是完全正常的。成年人因为害怕在生活中表现自我，所以他们往往会过度娱乐，有时甚至会创造自己的平行人生。好多人曾经告诉我，他们在编写一些复杂的剧情并且日复一日地在充实这些剧情的内容。在他们编写的剧本里，他们过着理想的生活，扮演着令人满意的角色，拥有一套豪华的公寓、一份体面的工作等。其中一个人告诉我，她甚至可以为自己的生活增添光彩。比如，当她在聚会上发现有个男人吸引了自己的目光时，她会想象自己去靠近他并诱惑他，但事实上她绝不会向他迈出一步。她会匆忙地离开聚会，然后回到家中，舒服地躺在沙发上，继续幻想着她的故事。她会想到各种离奇的情节，包括和那个英俊的男人结婚生子……但是许多人无法达到这样的想象力，所以他们会依靠一种独特的存在方式，即让自己以不存在的形式出现在幻想之中（此处对萨特的表达进行了改动）。他们这样做其实是为了报复白天受到的侮辱，为了弥补自己的失败，或者只是为了在睡梦中体验成为美好故事的主角的乐趣。

　　白日梦并非是一种病态的现象。它的出现通常是为了远离现实并逃避现实中的人际关系。人们在烦恼的时候很容易做白日梦。尤其是当个人经常性地依靠这种可能会造成伤害或难以控制的心理习惯时，个人（或其心理医生）会因此而感到不安。但是这并不意味着我们是疯子。其实，做白日梦时，我们的思维模式是幼稚、放纵且不受拘束的，融合式消除与英雄式全能在思维模式中起着相同的作用：不愿接纳自己的成年人重新回到了假想英雄的身体里，他们拥有支配一切事物的权力，却无须遵守任何限制。不过，如果这些幻想可以轻易地带来虚拟的满足感并实现其防御功能的话，那么它也将有助于逃避现实生活。

害怕认识自己

缺乏自尊

众所周知，在现实生活中，害怕表达自己与缺乏自信和自尊密切相关。因此，我们有必要对缺乏自信与缺乏自尊加以区分。

自信是指我们相信自己可以做什么：我有能力做什么？我可以依靠自己吗？

自尊是指我们赋予自己的价值：我的价值是什么？我是一个品行端正的人吗？

需要指出的是，拥有自信并不意味着拥有自尊。因此，你可以非常自信，比如你精通自己的业务，同时又缺乏自尊，比如你所做的事情违背了你的价值观（"我不赞同公司的做法"）或者你并不重视自己所做的事情（"我所做的事情毫无用处"）。

因此，缺乏自尊其实是一个关乎价值的问题。它可以表现为胆怯、退缩、内向（融合式消除），也可以更隐蔽地表现为有胆量、爱作秀、性格外向（英雄式全能）。当然，在一些关键时刻（会议、公开发言等），任何人都有可能怀疑自己的价值。这就是人们通常所说的怯场。对一部分人来说，这种怯场是暂时性的，而对另一部分人来说，它却是持续性的。

然而，这种现象尚未得到充分研究或了解。当我们拥有自尊时，为什么它如此容易消失？而当我们没有足够的自尊时，为什么它又如此难以获得？为什么有时候我们会如此狼狈不堪呢？我们怎么会因为颤抖、出汗、潮热、恶心、眩晕或者想要逃离的欲望而感到不知所措呢？

以下是从存在主义视角提出的假设：暂时性的怯场只不过是一种退行现象。想象一下：你正在参加一个工作会议，你的大老板也在，此时你必须在一群重要人物面前做汇报；或者出于某种原因，你必须出现在舞台上。这一时刻如此地重要，以至于你会不自觉地立刻重温童年时家里或学校里的无数种生活情境：虽然你还小，但是你得证明自己的能力；你面对的是那些了解你并评判你的大人们，他们的眼神让人感到畏惧。这或许就是成年人在脑海中不自觉想起的场面吧。

有些人会效仿那些经验丰富的演员（他们即使从业30年仍会感到怯场），通过展现自己成熟的一面来让自己重新振作起来，但是其他人却无法做到。我们从中可以得出什么结论呢？你可能已经猜到了：那些无法做到这一点的人并没有完全长大。总而言之，缺乏自尊就是难以或无法赋予自己足够的价值。事实上，孩子需要依赖大人的目光才能意识到自己的价值。孩子希望得到大人的肯定与重视，因为他们没有经验也没有办法对自己作出评价。

然而，我们必须澄清一点：对于成年人来说，缺乏自尊的确是日常生活的一大痛苦。然而，之所以他们不由自主地出现了缺乏自尊的现象，很大程度上是因为他们无视所有的价值。这使得他们必须去找到一种方法来弥补他们的自尊，就像个拿着横杆走钢索的杂技演员一样，要小心翼翼地维持平衡。经常性的自我奉献恰好是维持平衡的一种方法。然而即便如此，从长远来看，这种做法也只是将问题暂时搁置……

想要为他人服务

虽然"海绵情结"可以推动大家去奉献自我,但是它也会损害我们自身的利益。

海绵情结是什么?这只是一种普遍的说法,因为许多患者在自述的时候都会使用这一说法,以此来表明他们的内心极度敏感。这些成年人用"海绵"来形容自己,因为他们可以吸收别人的情绪,猜到别人的意图、需求、匮乏以及苦恼。可以这么说,他们的生活与他们所认为的外界期待之间存在着直接的关系,而且他们会尽力去满足这些期待。这便是童年时期遗留下来的痕迹。有些成年人仍旧会控制不住地想要为他人服务,因为他们就像孩子一样,总在留意并时刻满足父母的需求。久而久之,他们将这种行为视为个人的道德品质,并以奉献、克己、利他、牺牲等美德为荣。这些是他们可以接受的为数不多的个人品质,然而原因不过是这些品质可以让他们真正地躲在别人的身后。他们在各个方面都受到大家的尊重:他们消失在别人的影子里,而别人也称赞他们慷慨大方。

不过,这种妥协并非不存在任何问题。他们最终会发现，他们的善举无法避免让自己受到惩罚，这一点显然有些自相矛盾。"我会以眼前的人为榜样来规范自己的行为，"患者们经常这样告诉我，"我的个性会根据交谈对象而发生变化，有时我甚至不知道自己到底是谁。"实际上，服务他人不仅会导致相对的自我遗忘，还会导致自身持续性地关注"他人如何看待自己"。这样的成年人会不断地对他人的想法作出假设，而且常常会迷失在自我贬低的看法之中。他们从来都不是足够"优秀的"，也从来都不相信自己可以把事情做好，这一切导致他们对别人的任何细节都更加关注且敏感。他们扮演着读心大师的角色，然后花时间去过度解读想象中的别人的想法。

一位患者让我读了一些她的文章后，询问我对她的文章有何看法。我对她说："文章很有意思。我发现你写文章的节奏和你说话的节奏一样。你写的都是一些短句，有时甚至是一个词加一个句号，然后又接着另一个词。你的文章很生动而且很具有吸引力。"然而她只记住了我说的第一句话"文章很有意思"。为此，她感到有些生气："所以我'很有意思'，是这样吗？我就是个小丑，对吧？"

这样看来，我们有必要先解决一场危机。这位患者终于向我承认："我总是活在别人的目光中，我对任何事物都进行了过度解读。"不过，想象自己活在"别人的眼里或别人的观念里"，这种行为有时也意味着想象别人活在我们的心中。"我有一种被监视的感觉。我认为自己就像一本翻开的书籍，脆弱不堪，还要受到人们的关注与点评。"

这一类患者有时会说出一些看似"偏执"的想法，但是这些想法其实并不偏执，只不过存在被害妄想的倾向。对于这样的情况，人们并不会感到惊讶。

无意识的意志融合会导致这些人做出许多放弃的决定，比如把位置让给别人，牺牲自己的欲望，在电影院或电视上从不挑选自己想看的影片，也不挑选度假的地点或餐厅的菜单。

如果你也是如此，那么你在会议或聚会中可能是这样的：你会尽力保持愉快的气氛，迅速挽救交谈过程中的冷场时刻，巧妙化解尴尬的瞬间来分散大家的注意；你也会负责上菜，安排所有的后厨事务，管理后勤工作，帮助孤身一人的宾客。你似乎在场，但却并没有真正地出席。你似乎在所有人的中间,但其实你却处于边缘地带。因此,你可以接受异地恋或不忠诚的爱情,你也可以接受每周日去爸妈家吃午饭,你还可以接受给那些从不联系自己的朋友打电话并询问他们的近况。

你还可能会被大家缠住,受到大家的烦扰,承担一些吃力不讨好的任务——你接受这些来自家族内部的任务,可能是因为你的牺牲或奉献精神,也可能是因为你觉得自己必须"付出代价"才能留在家族内。因此,你总是随叫随到,从不拒绝。

在融合式消除的机制下,为了让自己有一席之地,你常常需要付出一些代价,然而尽管如此,你还是觉得自己就像"可调控的变量"一样没有什么存在感;在英雄式全能机制下,你会认为自己所做的牺牲反而赋予了你突出的地位,让你成为了某个重要人物,比如"最好的朋友""最好的儿子""最好的妻子""最好的女儿"。通常来说,你会成为类似仲裁人、地方法官或者分配大家利益的人。然而,你的自尊始终有些变化无常,因为你坚持认为它取决于你满足他人欲望的能力,而非满足自身欲望的能力。在融合式消除的机制下,这一切可能会导致你不停地请求他人的原谅，表现得过于礼貌且友善，同时根据他人的日常生活来安排自己的日常生活；在英雄式全能机制下，这一切可能会导致你想要替他人解决问题。不过，这是真正的慷慨吗？或许我们应该认真思考一下让·吉奥诺 (Jean Giono)[1]的这句至理名言："多一些慷慨，少一些馈赠。"

丧失照顾自己的能力

当然，采用融合式消除或英雄式全能机制的成年人，他们往往不喜欢别人的陪伴，更愿意一个人独处。尽管如此，大部分人依旧担负着保护身边人的使命。我的一位企业家患者曾经告诉我："你知道的，我是个乐星尝！"

"是个什么？"

"是个乐星尝……"

"那是什么？"

"(沉默了一会后) 噢，不好意思。是个热心肠。"

---

[1] 让·吉奥诺（1895-1970），法国著名作家，法国生态文学先驱。——译者注

令人惊讶的是，这位50多岁和蔼可亲的男士几乎很少扮演"热心肠"的角色，以至于他无法在不混淆读音的情况下正确念出"热心肠"这三个字。"我想帮助他人。"他肯定地说道。他生活得非常不错，所以四处捐钱，甚至在自己的项目里让利。他觉得这算不了什么。他身边的亲人已经习惯了接受他的馈赠。况且这不仅仅是钱的问题。他住的房子是由他的妻子装修并管理的，他甚至没有属于自己的房间。他只能说："我好像住在别人的家里。我没有自己的家。"

这是真正的热心与友善吗？这个笑容满面的男人所遭受的痛苦迫使他只能否认这一点。然后我问了他这样一个问题："如果你没有时间与金钱的限制，你会为自己做什么呢？"他的回答简直让人目瞪口呆。他没有任何的想法，尽管他认真思考了这个问题。至今为止，他唯一要做的事情就是照顾别人，得益于此，他几乎成功地消失在了自己的眼里。

许多像他一样的人，如果不把时间花在别人身上，他们确实不知道该做些什么。因此，他们会想方设法让自己忙起来；孩子、配偶、父母、房子，他们总能找到事情可做。这些人很难想象出什么样的礼物可以让自己感到快乐，这便是自我遗忘的表现。当他们被逼到极限的时候，他们总是会挑选一件对别人也有好处的事情作为礼物（如旅行、郊游等）。

对他们来说，礼物和恭维话一样，可能都是自己真正的痛处。首先，礼物和恭维话就像聚光灯一样错误地照在了那些尽力"不给别人添麻烦"的人身上，而且这意味着他们具有一定的价值。然而，他们却为此感到内疚，他们不知道为什么会有这样的感受，或许是因为礼物扭转了他们的作用，他们隐约地感到自己被剥夺了为他人服务的作用。他们想到的第一个念头是，自己不值得受到如此多的关注。第二个念头是：如何表示感谢呢？对于我们当中的许多人来说，这再简单不过了，然而对于那些认为自己是多余的人来说，这确实是一件伤脑筋的事。因此，他们只好露出一丝勉强的微笑，然后说出一些感谢的话，这些话要么没什么感染力，要么太过坚决。

那么你呢？如果你也没有时间与金钱的限制，你会为自己做什么呢？如果你有整整一天或一周的时间来照顾你自己而且就照顾你一个人,你会为自己做什么呢?到底什么事情能让你真正地感到快乐呢?

当你听到这些问题时,你可能会感到不寒而栗。你明白了消除存在感的防御性命令是如何起作用的。当然,它还会引起其他在童年时期形成的隐性命令,而这些命令之间存在着充分的必然联系。例如:"我不应该满足自己的欲望"便是一项命令,从长远来看,它可以逐渐消除包括性欲在内的所有欲望,并且迫使人们牺牲自我来成全他人的欲望。下面这项命令亦是如此——"照顾自己同样是一种自私的行为",当我们有机会照顾自己的时候,它便会激起人们内心强烈的愧疚感,进而维持并强化其他命令。

我们面前的这座迷宫充满着各种自我消除或自我夸大的命令,我们如何才能走出这座迷宫并且最终找回我们的自尊呢?

心理治疗:找回自尊

首先,我们要强调一点,在"个人成长类"书籍中，那些关于找回自尊的建议通常都是常识性的内容，并不能解决实质性问题。这一类书籍的作者会给你提出这样的建议，比如：

- 确定对自己有好处的事物；
- 确定自己的优先事项；
- 注重过程中的乐趣而非表现；
- 正确看待变幻莫测的日常生活；
- 发自内心地相信自己非常重要，并且不断重复"我要爱自己并接受自己""我要相信自己"等诸如此类的话。

只不过这些建议存在一个问题：当你不重视自己，反而感到"空虚"或无趣的时候，你实际上无法确定自己的优先事项或者对自己有好处的事物。因此，不得不说，这些合理的建议并不能让所有人都提高自尊，最多只能帮你暂时减轻压力并缓解负面情绪，甚至恐怕连这样的作用都达不到……

那么我们究竟应该怎么做呢？我们马上就会知道，确实存在一种解决办法，可以让我们觉得自己"有足够的能力"并且敢于表达自己。不过，在讨论这一解决办法之前，我们有必要补充一些额外的细节。

自尊与自重

当我们谈论自尊时，我们通常忽略了一个显而易见的事实：缺乏自尊的表现往往伴随着缺乏自重的表现。因此，我们有必要区分自尊与自重这两个概念。尊重意味着我们要衡量人或事物的价值并对这一价值进行描述，简单来说就是我们要考虑某个事物是否具有好处。重视意味着我们要表现出关心与器重。总而言之，尊重是思想层面的，而重视则是具体行动层面的。当然，思想与行动二者是相互联系的。

我们还需要弄清楚到底什么才是重视。"重视"一词的拉丁语词源是respectare，其本义为：向后看或看两次。人们起初用重视这一概念来描述必须遵守的宗教或民间习俗。然而，康德在《实践理性批判》一书中明确指出，"'重视'一词只适用于人，不适用于物。"重视这一概念通常与恐惧有关（比如"让某人保持敬畏"这一表达中所包含的"重视"一词），不过此处我们无须针对这一概念展开学术探讨，也无须区分不同形式的重视，我们可以直接下这个定义：重视他人意味着我们要将其视为与我们价值等同的人，并在此基础上去对待他人。

由此可见，重视自己意味着我们要将自己视为与任何人都价值等同的人，并在此基础上去对待自己。然而当我们缺乏自尊时，我们无法赞同这种人人平等的观念。因此，我们往往会做出不重视自己的行为。

我们常常会发现，在这个世界上，被我们虐待得最多的人其实就是我们自己。仔细留意一下你对自己的评价以及你的所作所为。你会习惯性地消除自己的存在感吗？你会给别人让座吗？你认为别人更值得被重视吗？你会在别人面前贬低自己、中伤自己、低估自己的所作所为，在镜子面前辱骂自己、藐视自己、厌恶自己吗？你把时间都花在了这些事情上吗？如果你确实是这样的话，那么你身上有显而易见的缺乏自重的表现。

最讽刺的是，这种缺乏自重的表现有时是由宗教或人的灵性引起的。有些信教患者（包括各种宗教信仰）推崇谦卑这一基本品质。因此，他们认为自己缺乏自重的表现是出于奉献与慷慨的精神。然而现实却恰恰相反，谦卑的品质与缺乏自重的表现不存在任何关系。谦卑是傲慢与自大的对立面，意味着对自己有非常清醒的认识。在任何情况下，谦卑并不会要求我们不重视自己。

因此，想要找回所谓的自尊，进而发现自己的价值，你必须先重视自己，即对自己表现出真正的关心，或者简单来说，就是照顾好自己。这也意味着希望别人能够重视自己。你还应该做好准备接受别人对自己的重视。你很有可能发现自己很难做到一边接受别人的赞美，一边又作出这样的回应，比如自己只是运气好，自己其实没什么功劳（冒牌货综合征），自己那件被别人称赞的裙子或上衣只是一件"旧衣服"罢了，自己画的画不过是"粗制滥造"罢了。为什么不学着简单地说一句"谢谢"或者"你说的话太让我感动了"？有些人承认自己无法作出这样的回答，他们认为这是一种自负或软弱的表现。因此，他们会经常性地调侃自己（融合式消除），或者正好相反，故意吹嘘自己（英雄式全能）。不过，这两种行为其实是同一回事。此外，他们还会采取一些缺乏自重的行为：残害自己，划伤自己，强迫自己拔头发，抓伤自己，或者生病的时候不接受治疗。

那么"重视自己"到底是什么意思呢？其实就是一系列非常简单的行为：不要贬低自己，不要虐待自己的身体，注意自己的饮食质量，注意自己的生活起居。

我们可以举出很多类似的行为，不过相比之下，牢记下面这条准则要简单得多：

"要像对待客人一样对待自己。"

重视自己意味着想要过得顺利，活得更好。在前文中，我们提到了"渴望生病"的想法。我们还应该说说"害怕痊愈"的想法，很多患者都有这种想法。当痊愈的想法开始具有自主性时，它往往会阻碍我们取得进步。我们告诉自己，如果我们有所好转，我们将会被抛弃……心理医生总是会很巧妙地运用这一点，指出患者康复过程中好转的迹象，因为这样做可能会导致患者旧病复发、内心不安以及焦虑反复，甚至可能会出现一些身心症状，比如湿疹、银屑病、痤疮（这些都是最常见的症状）。痊愈意味着我们要接受自己不再是一个病人，并且允许自己转变"身份"，从而改变与他人的关系。

然而，我们应该认识到，一开始就承认自己是个有价值的人，并不是一件容易的事情。"我总是认为，受到别人的重视是一件奇怪或不正常的事情。"有些患者这样对我说道。他们习惯于对友善或恭敬的人保持怀疑。的确，当我们自认为"空虚"或"一无是处"的时候，我们无法清楚地知道别人的重视对象究竟是人还是物，以至于别人的关心也变得有些可疑。

这个被我们称作"自己"的人究竟是谁呢？我们又该对谁予以重视呢？

"自己"是谁？

我是谁？这个问题太宽泛了！

存在主义心理治疗的第一步就是解构自己的"角色"。在日常生活中，我们一直都真诚地扮演着自己的"角色"，不过准确来说，它只是一种与"真实自我"相去甚远的限制性表象。我们必定都拥有这样一个"角色"。多年来，根据我们在家庭中被赋予的位置，这个"角色"得到了一定的发展。你可以通过补全下面的句子来描述这一"角色"：

"我在家庭中是一个……"

你可以从以下这些常见的角色中找找灵感（非完整角色名单）：勤劳的人、懒惰的人、有文化的人、爱说谎的人、微不足道的人、腼腆的人、不爱表现的人、严肃的人、担负整个家庭的人、善于组织的人、热心肠的人、摆臭脸的人、善于交际的人、慷慨大方的人、友善的人、调皮的人、沉默寡言的人、抑郁的人、易怒的人……通常来说，这个练习并不难，因为我们都非常清楚身边的人是如何看待自己的。我们认为这个角色并非无足轻重：它的作用是维持家庭的平衡。

为了进一步完善对角色的描述，我们还可以说说一系列常见的"个人问题"。现如今，似乎每个人都能发现自己的特性，进而让自己成为一个一定有点什么"缺陷"的特别的人。以下是一些常见的"个人问题"：内心极度敏感，拥有巨大的潜力，性格古怪，天赋异禀，发育过早，患有"障碍症"(阅读障碍、运用障碍等)，拥有过多的潜在情绪，具有多重潜能，做事效率极高，性格非典型，"惯用右脑"，患有神经认知障碍，极度活跃，患有多动症……你是否也具有这样的"个人问题"呢？

根据我们所说的内容，如果你在上述"个人问题"中看到了自己的特征，那么你也会认识到自己具有以下这些特征：

- 感觉自己"被排除在外"而且不如他人；
- 拖延症；

- 思虑过度；
- 思维过于活跃导致睡眠障碍；
- 感觉自己与现实脱节，无法适应生活；
- 人际关系陷入困境；
- 无法忍受挫折；
- 很容易感到无聊；
- 思维过于丰富、活跃，甚至泛滥；
- 情绪波动且极度敏感；
- 共情能力太强；
- 思维"过于发散"；
- 难以完成普通的实践任务；
- 存在拼写障碍或语言障碍；
- 行为举止怪异。

你是否找到了符合自己的特征以及"个人问题"呢？或许你已经找到了，因为人们都在寻找简单的理由来解释为什么我们难以适应这个世界。当我们得知自己的"缺陷"实际上是某种个人品质时（极具智慧、极具感知力、极具创造力……），我们当然会感到非常满意。换句话说，我们便拥有了"缺陷型超能力"。

事实上，这些新型"诊断结果"（除了多动症以外）几乎从未得到科学研究的证实，所以可信度并不高。拥有巨大的潜力？内心极度敏感？总之，这些不过是所有孩子的一般特征。上述特征清单中所描述的内容也不过是儿童的思维模式与典型行为。因此，在绝大多数情况下，所有这些个人"标签"，比如"障碍症"（阅读障碍、运用障碍等）、情绪波动、"情绪海绵"、多动症、巨大的潜力等，都是成年人身上残存的童年，因为所有孩子都是极其活跃、极度敏感且极具潜力的。这种观点可能会让许多成年人感到不安。为什么呢？因为一方面，这些标签可以让我们得到别人的重视，同时在不知不觉中以不成熟的方式继续活着；另一方面，这些标签无法告诉我们更多关于真实自我的内容。如果我们放弃自己一直以来所扮演的角色，如果我们承认自己的价值并不存在于我们身上的童年部分，那么我们还能依附于什么呢？

自认为能力足够的治疗秘诀

我们有必要对相对价值（取决于外界的看法）与内在价值（独立存在的价值）加以区分。

孩子对自己的价值向来没有十足的把握。这一点很正常，因为他们正处于自我建构的过程之中。他们显然还非常依赖别人，而且他们可以赋予自己的价值也取决于外界对他们的看法。这就是为什么他们如此乐于满足大人的需求，而且总是期待并渴望得到大人的认可。

与孩子正好相反，成年人原则上拥有自身的内在价值，因此，他们不应该（完全）依赖外界对他们的看法。他们有经验对自己作出客观的评价，并且通过应对各种状况，获得一些经验或增长本领才干来表明自己的价值。他们的内在价值不再取决于别人对他们的看法。

然而，如果大家离你而去，不再重视你，并且将你抛弃的话，你还可能剩下些什么？有些人会坚定地认为自己将一无所有，而其他人则会认为自己还留有一些财产或金钱，事实上，这些人混淆了物质财富与自我价值。他们同样会认为个人价值与自己的身体息息相关（这将会导致他们过度担忧自己的体重、年龄以及身体上的一些小毛病）。因此，我们得换一种提问方式：如果你失去了所有的钱财或者你的身体正在不断地恶化，那么你的价值还剩下些什么？

在很长一段时间里，孩子认为自己的价值仅仅在于自己所拥有的事物或父母对自己的看法。因此，我们可以得出这样的结论：我们之所以认为自己没有内在价值，是因为我们在考虑这个问题时表现得像个孩子一样。

要改变这一点，开始相信自己能力足够，下面就是治疗秘诀：

我必须停止在父母面前像个孩子一样活着。

然而为什么一定是"在父母面前"，而不是在所有成年人面前呢？简单来说，因为我们是通过父母（或那些充当父母角色的人）来构建孩子这一身份的。因此，只有通过他们，我们才能摆脱这一身份。他们的权力让我们感到"渺小"且一文不值，而我们要做的就是故意剥夺他们的权力。不过，剥夺这项权力必须通过违反一项命令才能实现：

家庭利益（即父母利益）高于个人利益。

我们很小就养成了牢记这项命令的习惯，因为对孩子而言，任何违反命令的行为都将面临严重的惩罚：失去宠爱、断绝联系、遭到排斥、受到压抑。这项命令具有至高无上的地位与权威，所以成年人日后出现的所有愧疚感很有可能都源自于这项命令。然而,成长意味着要废除这项命令,进而表明自我存在的重要性。最重要的是,其他途径无法实现这一点。

此处,我们又回到了在前几节中提到的内容,即必须"背叛"自己的父母以及转换位置。但是对孩子来说,父母本身便具有不容置疑的绝对价值。这就是为什么孩子在很长一段时间里都难以做到不带任何愧疚地去批评父母。通常来说,孩子拒绝将自己的相对价值转化为内在价值,因为他们觉得这样做会缩小父母的光环。但是,如果我们仍然觉得自己在父母面前非常卑微的话,那么我们余生都不可能认为自己有能力做成任何事情。我始终坚信这一点:我们没有别的办法可以让自己的存在合理化并且"获得足够的能力"。

病例:弗洛里安——我的陌生父母

33岁的弗洛里安长相年轻,有着粉嫩的面庞、栗色的头发、短小的胡须以及灿烂的笑容。他维持着自己笨拙、犹豫不决的个性,永远都在做一个腼腆的少年。他因为缺乏自尊与生活的意义而向医生寻求帮助。他讲述了自己的人生经历：他过着不稳定的生活，一直都在做一些自己根本不感兴趣的零活儿，他有很多时间是在无聊与拖延中度过的，他甚至幻想自己可以利用这些时间去参加培训。他觉得自己"虚度了人生"，但是又不知道自己可以从事什么行业。信息技术行业？公关行业？销售行业？在感情方面，他提到了自己有强烈的情感依赖：嫉妒心、占有欲，甚至当女朋友不在身边时，他什么事也做不了。不过，前提是他得有女朋友。虽然他并不缺乏魅力，但是他所有的恋爱经历都因为自己害怕被抛弃而草草收场。

弗洛里安渴望得到他人的认可。他一动不动地看着我，希望从我的眼里看到一丝赞许的目光。当我询问他是否认为自己具有个人价值时，不出所料，他给出了"否定"的回答并流下了泪水。弗洛里安是个很容易哭的人。他的情绪总是写在脸上。他常常为自己辩解道："我是个极度敏感的人……"

我们很快便谈到了他的父母。虽然他住在一间小小的单身公寓里，但是他一直和父母保持着频繁的联系。他的父亲在任何事情上都会给他提出建议，而他的母亲则会关心他所做的事情。他们每天都会打电话交流。弗洛里安爱自己的父母,并且对他们的帮助表示感激。他补充说:"他们正渐渐老去,所以我想从他们身上获得好处,直到……

"直到他们去世吗?"

"是的。"

"你认为从父母身上'获得好处'是什么意思呢?"

"我不知道,或许就是花时间和他们在一起吧……"

弗洛里安告诉我,他每周末都会回父母家,在那里他会出现一些独生子女的行为习惯。他年少时期的房间几乎没有任何变化。他把脚放在桌子底下,和小狗在花园里玩耍,偶尔胡思乱想或者干一些杂活,睡得还特别多。我问他:

"你和父母会聊些什么呢?"

"我们会聊天气,比如雨天、晴天。"

"你觉得这种方式真的可以让你从父母身上获得好处吗?"

他思考了一下,然后摇了摇头。我继续问道:"如果你的父母不在了,你会想念什么呢?"

他再一次激动地哭了起来，那是如孩子般温暖的泪水。他不知道该说些什么。我又问他："你真的了解自己的父母吗？"他再一次给出了否定的回答。

我们的谈话继续进行。我引导他意识到，如果想要"从父母身上获得好处"，我们就得力求无限期地延长自己的童年状态。

于是他问道："从父母身上获得好处究竟意味着什么？"

我们发现这个问题的答案时，往往为时已晚，也就是说此时我们的父母已经离开了这个世界。于是我们意识到，自己并没有想过要向他们提出一些必要的问题，因为我们一直以来都只把他们当作父母来看待。不过，这也不全是我们的过错，他们其实也没有想过要脱离自己所扮演的父母这一角色。然而，他们自身难道不比父母这一角色更丰富吗？他们不也是这世间有故事的男男女女吗？在成为父母之前，他们不也是儿童或青少年吗？

只可惜，这些是我们本该及时向他们提出的问题：他们曾经的愿望是什么？现在的愿望又是什么？他们有哪些失败、骄傲、受伤的经历？他们的遗憾是什么？他们的希望又是什么？他们是否活出了自己想要的样子？

此处，重要的不是回答的内容，而是我们与父母所构建的关系类型。我们应该追求与父母建立成年人之间的关系，而非孩子与父母的关系。我们还应该注意自己的态度、表情以及语调。事实上，许多人都认为，自己在面对父母时会发生深刻的转变，包括身体上的转变。父母只需要喊一声我们的小名，或者像过去一样，有时甚至只需要给我们一个眼神，就可以让我们内心的残存的童年不断地涌现出来。因此，当我们意识到父母尊重我们的成年人身份时，这将会真正触发我们位置的转换——并且让我们"脱离安全基地"。

不过，成长的道路上布满了陷阱与错觉。很多人会反驳我的观点，他们认为自己与父母已经"平起平坐"，因为他们可以发脾气，还可以严厉地指责父母；有些人还会错误地认为自己与父母的关系是平等的，因为他们住得离父母很远，或者他们很少与父母交流（甚至完全不交流）；也可能是因为他们的父母年纪大了，需要他们的照顾，有时他们会训斥父母，还会替父母做决定。

但是，这些情况绝不会让他们在父母面前转变为成年人。正好相反：照顾年迈的父母或者拒绝与父母交流可能存在一个弊端，那就是我们会把自己封闭在"父母的孩子"这一角色中……以下是一条非常实用的建议：你要尽可能地把自己当作父母家里的客人。在父母家可不要像在自己家一样随心所欲，更不要把自己家里的东西留在父母家里。

寻求父母的认可

我们都知道，背叛自己的父母其实意味着停止在父母面前扮演孩子的角色。但是很多人不敢迈出这一步，因为他们害怕让父母伤心或者害怕失去父母的爱——至少是父母在我们小时候曾给予我们的那份爱。

我们稍微想一想：我们是否可以确定父母在我们小时候曾经爱过我们，而且在我们长大以后依旧爱着我们呢？如果可以确定的话，那么父母有多爱我们呢？至于我们自己，我们是真的爱自己的父母，还是仅仅在延续某种习惯呢？

说到底，为什么我们会爱自己的父母呢？

如果好好思考一下这个问题的话，我们首先会想到遗传关系或血缘关系，可是这并不能说明什么；或者我们会想到父母的"养育之恩"：因为父母抚养我们、照顾我们并陪伴我们成长，所以我们爱自己的父母。总之，双方应该做到对等：他们爱我们，所以我们也爱他们。

只不过这一切无法从逻辑上去解释这份爱的独特之处，因为我们只对父母怀有这份爱意。这种家庭的爱，无论是从本质来看，还是从特性来看，都与我们对他人的友爱截然不同。

我们爱自己的父母，或许只是因为我们学会了这样做。自出生以来，根据我们所能表达的爱意和情感，我们会得到相应的奖励或惩罚，有时候这是一个非常微妙的过程。就这样，随着时间的推移，一项命令便摆在了我们的面前——"我必须爱自己的父母"。这项命令有助于依恋关系的发展以及家庭凝聚力的增强。换句话说，甚至在培养自己的感情之前，我们就已经遵守了这项爱父母的义务（命令）。我们通过学习获得了这项义务并将其刻在了我们的记忆之中，以确保我们的忠诚。另一项重要的命令，"家庭至上"，也被深深地刻在了我们的记忆之中。它被铭刻得如此之深，以至于有些孩子穷尽一生都在捍卫自己的父母，哪怕他们遭受了虐待、强奸、殴打、忽视以及抛弃。

至于父母，他们在社会的压力下显然也获得了一项爱孩子的义务。然而，有些父母意识到其实自己并没有感受到真正的爱意。一项临床试验告诉我们，这些父母如果想要维持自己的表面形象，往往会强调自己"身为父母的义务"而非自己的情感。

尽管我们已经长大成人，但是我们仍然可以体会到对父母有所期待的感受。我们希望得到什么呢？一些爱的证据？更多的重视？还是希望父母可以纠正我们所指出的错误？哪怕这些错误并不是真的。或许我们什么都想要。为了获得满足感，我们继续跟随在父母的身后。可是，我们很有可能永远都不会得到他们至今都未曾给予我们的东西（爱意、重视、认可、歉意、尊重、敬意、庇护、保障等）。因此，如果我们不愿将自己永久禁锢在孩子的身份里，那么我们非常愿意就此放弃寻求认可。

当父母还在世的时候……悼念他们

放弃寻求认可，其实就相当于我们在象征性地悼念身为父母的他们与身为孩子的我们。这一点究竟意味着什么呢？

心理治疗的过程非常适合进行这项必要的悼念任务。这项任务可以让我们远离身为父母的他们，将他们更多地视为人或个体——特别是可以让我们不再通过他们的眼光来看待自己。有人会说："我的爸爸不爱我了"；还有人会说："我的妈妈不认可我"……你自己可能会说，父母不接受你、不尊重你、不鼓励你、不关心你；他们从未对你说过，他们为你感到自豪或者你对他们来说有多重要。他们可能虐待你、强迫你、忽视你、侮辱你、藐视你、排斥你、无视你……或者他们虽然非常喜爱你，但是仍然会犯错误、做蠢事或疏忽大意（哪个父母不会这样呢？）。他们还可能过于宠爱你、保护你，以至于让你喘不过气来。总之，你几乎不可能对他们没有任何怨言。

所有的孩子当然都希望得到补偿。然而，除了那些需要司法干预的情况外，许多已经长大的孩子有可能一生都沉浸在自责与悲伤之中，期待着那些永远都不会出现的话语或行为。

让我们现实一点吧：除了放弃这种想法，我们别无选择。只有这样，我们才能与父母建立起成年人之间的关系。此处我想引用一份优秀且感人的自述作为例证，这份自述出自一位50岁的女患者之手。她曾决定与自己年迈病重的父亲一起偿还债务。她去看望自己的父亲，再次和他谈起童年时的艰难岁月，她说自己并没有感受到关心、支持与鼓励。

"我的父亲告诉我：'我生活中唯一的问题就是你。'我们就此谈了一个小时。我告诉他，自己不曾受到重视。他对我说：'你如此优秀，所以我们都认为你不需要我们的照顾。你和我一样既独立又坚强。'他似乎不愿承认他对我的漠不关心。最终，我告诉他，我并没有要求什么，我和他谈话也不是为了得到什么。我对他说：'爸爸，你放心去吧。'他告诉我：'这是我这辈子最难忘的一次谈话。'我给了他想要的宽恕，而我也终于获得了自由。"

因此，我们可以象征性地悼念自己的父母而不会感到崩溃，甚至可以远离自己的父母，而他们并不会因此而死去……当然，这种哀悼是对清醒意识的一次考验，它将带领我们回顾童年时期那些错误的想法以及那些我们对自己讲述的有关父母的故事。我们的父母并非如我们所想的那样：我们必须做好准备接受这一切。

还有一位30多岁的患者，有一天他来到我的诊所，下定决心要给我念一封他刚刚寄给母亲的信。这是一封糟糕的信件，字里行间充斥着他的愤怒，他还在信中指责母亲放弃了他们的融合关系。他很怀念昔日母子间的默契，他控诉自己的母亲冷漠、自私——做了许多不相干的事情。最终，他向母亲宣告，自己已经决定与她断绝一切关系。他太生气了。然而，他还是如实地承认，除了母亲想要过自己的生活这件事以外，自己并没有什么明确的事情可以指责她。

我只对他说了一句："与她断绝来往，这件事你做得很对。"他看起来有些困惑，于是我继续说道："没错，这位你童年时的母亲，你的收信人……她已经不存在了。原因很简单，因为童年时的你已经不存在了。"正聊着，我便劝说这位患者与身为母亲的她断绝来往，而不是与抛开母亲这一身份后的她断绝来往。必要时，我们得做好准备告诉自己，身为父母的他们不欠我们什么，同时身为孩子的我们也不欠他们什么。这种观念可能有些让人难以接受，特别是如果我们曾经遭遇过虐待的话。但是，如果我们能够发自内心地认同这种观念，那么事实上我们便再也不会像孩子一样活着。

病例：安妮——无尽的哀悼……

对父母不再有任何的期待，宽恕父母，和童年一刀两断……暂且认为你已经做到了这几点吧。可是，如果父母已经不在人世了，我们又该怎么办呢？

安妮在22岁的时候失去了自己的母亲。一转眼15年过去了，她已经结婚并且有两个孩子。于是，年近四十(37岁)的安妮开始审视自己的人生。她选择留在家里照顾孩子，而她的丈夫则外出工作，负责养家糊口。一家人很幸福，身边也有很多朋友。但是安妮并未因此而感到满足。她饱受缺乏自尊的侵扰，这使得她在任何情况下都会选择消除自己。她打算找一家专业的培训机构来改善自己的状况，可是她却缺乏尝试的勇气。她思前想后，做事拖拖拉拉，甚至整日无所事事。当她在治疗过程中不得不谈论自己时，她每说完一句话都会忍不住笑一笑，以此自我防御。她特别容易脸红，而且患有湿疹。虽然她很漂亮，但是她并不喜欢自己的身体，甚至会忽视自己的身体。她还患有强迫性饮食失调症。她总是拿自己与别人作比较，结果发现别人永远比自己优秀。朋友聚会的时候，她认为自己没有什么有趣的事情可以和大家分享，于是便把时间都花在准备饭菜以及为大家服务上。再者，她很害怕黑暗，以至于天黑以后她从不在外逗留。

安妮并没有完全长大。不过，她还记得自己曾经是一个非常成熟的孩子：她在学校是个聪明的好学生，在家里是个好帮手，她和母亲一直保持着一种融合关系。即便母亲离世，这一切也并没有结束。安妮继续像个小女孩一样活着，她会不断地想起已经逝去的母亲，而母亲也成为了安妮心中一个无法企及的榜样。

在接受治疗的时候，安妮不得不承认自己是时候该进行悼念任务了。因此，她开始向孩子们讲述自己的过往，接受她作为母亲的身份，并且学会用过去时谈论自己的母亲。她还决定不再依赖自己的丈夫，于是她开设自己的银行账户，学会办理自己的行政手续。她又重新开始翻看那些被搁置在地下室的全家福老照片，以此来重拾自己的人生故事（个人自传）并区分过去与现在。她还开始学会关注母亲身上被自己忽视的那一方面，也就是说，母亲并非理想的存在，她只不过是一个既有优点又有缺点的普通女性。这些"去自我中心化"的行为具有关键性作用，可以让她拥有更多的自我肯定感，进而发现一个属于成年人的世界。

意义的多种可能

目前，我们已经采取了一些能够让自己摆脱恐惧的阶段性举措。然而，在继续实施其他举措之前，让我们先来总结一下我们已经知道的一些重要任务。

我们所提出的初始假设如下：成长意味着转换位

置，即从孩子的位置转移到大人的位置。不过，我们早已明白，这种位置的转换意味着我们要"背叛"自己的父母，确切来说就是我们要脱离安全基地，然后过自己的生活，最终重拾自己的人生故事。因此，我们必须尽力关闭这扇朝向童年的大门。这项任务的关键在于"悼念"身为父母的他们，从而让我们达到自己应有的境界。

因此，你是否觉得这一阶段的自我变得更加合理了呢？或许并没有，因为成长是一个循序渐进的过程。你已经探索了存在于你身上的童年部分，你与时间的关系，你的个性以及你的自尊。现如今，你有必要仔细观察一下其他恐惧，尤其是那些与你在日常生活中所处或所接受的位置有关的恐惧。你表达自己的方式，或不表达自己的方式，都将揭示出一种存在已久的冲突：一方面，你已不再是孩子；而另一方面，你又还不是大人。

第四章

寻找位置

害怕打扰别人

有些成年人从来都没有归属感,特别是那些已经为人父母的成年人。他们总觉得自己在打扰别人,而他们在各种微不足道的日常行为中都有这种感受。那么,我们就来看看究竟是哪些日常行为。

你如何在街上行走?

大城市的街道或购物中心总是人流涌动。每一秒钟,成千上万的人彼此擦肩而过,勉强躲避对方,找到自己要走的路。这就好比一种精神层面的无线网络,它可以连接所有人的大脑,从而优化每个人的行动轨迹。我们还发现,所有人甚至都不需要全神贯注便可以在复杂的环境中前行。每个人的大脑似乎都在自动处理对方发出的微弱信号,预测对方的行动轨迹、速度以及目的地,然后在几毫秒的时间内推导出最佳应对方式。这一系列操作似乎都是自动完成的,整个流程非常自然。至少对于大多数人来说是这样的……

如果我们坐在咖啡馆的露台上去观察周围的人群,

我们可以很轻易地分辨出两类"问题路人"。

第一类"问题路人"仿佛是在表演舞蹈，因为他们总在礼让迎面走来的行人。他们一边旋转，一边退让，在人行道上来回移动。有时为了避免撞到行人，他们还会扭动自己的身体。他们似乎是别人眼中的隐形人。

第二类"问题路人"则会不顾一切地横冲直撞，他们大摇大摆地走着，仿佛大街上只有自己一个人。他们径直朝前走去，甚至可能会站在人行道中间与别人争论，而且丝毫没有注意到自己挡住了别人的道路。在他们眼里，其他人似乎并不存在。

在这两类"问题路人"身上，我们可以清楚地看到融合式消除与英雄式全能的特点。我认为他们精神层面的无线网络可能出现了问题，因为他们显然没有在公共空间找到合适的"位置"。不过，这些文明人的行为往往表明，人们在生活中寻找正确的位置时，普遍存在着更多的困难。

消除自我

30多岁的玛格特在尽力寻找生活的意义，以下是她的个人自述："我不停地因为自己的存在而道歉。我总觉得自己笨手笨脚，做不好事情，甚至成为别人的负担。即便别人将我推倒，我也是那个先道歉的人！"

玛格特是一位非常讨人喜欢且爱笑的年轻女士。看到她的第一眼，我们很难意识到她在别人面前究竟折磨自己到了什么样的地步。她的第一反应总是退缩与倾听。她很少谈论自己，甚至完全不谈论，但是她却表现出愿意倾听的优秀品质。她常常躲在别人身后或者全心全意地在饭桌上为他人服务，从而尽可能地将自己消除。不出所料，她在大街上也经常躲避迎面而来的行人，这些人显然没有想要推倒她的意思。她总是将自己隐藏起来，所以她觉得别人都看不见她。这种做法在某种程度上很适合她。因为一旦有人注意到她，她就会开始脸红，感到不自在，然后随便找个借口想要赶紧离开。

她费了好大的劲才说服自己去诊所看心理医生。她独自一人面对着我，随时准备大哭一场。我听她列举了一些阻碍她成长的恐惧：害怕谈论自己，害怕恋爱关系，害怕变丑，害怕被评价或被误解……她一边说，一边摆弄自己的脸、鼻子或嘴巴。她还把头发撩到前面，好让自己摆弄。她被靠垫和手提包夹在中间难以动弹，于是她便玩弄自己的耳机线，把它卷起来然后再展开。她不停地用一些小动作来引起我对细枝末节的关注，似乎是为了分散我的注意力。

这种逃避的生活态度可以让她无须充分显露自己，还可以让她胡言乱语，甚至可以用一些刻板行为让自己感到安心。她让我觉得她是一个支离破碎、自我分裂的人物，她需要不断地确认自己存在于世的事实，即自身的各个部位之间都紧密相连。自我消除的意愿确实会让人们逐渐对自己的真实性或完整性产生怀疑。这位年轻的女士在安抚自己，就像妈妈安抚自己的孩子一样：妈妈用手抚摸孩子的头发和脸颊，并且做出一些手势。这些手势不仅可以让孩子感受到妈妈的包容，还可以让孩子感知自己的轮廓。

为什么人们在街上没有注意到玛格特？是因为冷漠还是自私？或许都不是。实际上，他们并没有互相推挤，因为在距离玛格特二三十米远的地方，人们就已经不自觉地接收到了她所发出的信号。这种信号仿佛在告诉人们："我不存在。"人们通过这种信号推断出她可能会消除自我并退缩，因此，他们只不过是采取了相应的行为。

玛格特承认自己在生活的其他方面也存在类似的行为。她总是在向别人道歉，甚至没有任何理由。无论是买长棍面包还是预约医生，她总觉得自己在打扰别人，为此她深受困扰。对她来说，接打电话是一种折磨，在公共场合讲话更是一场噩梦。她会预先因为自己的存在而感到内疚。于是她变得越来越孤独，因为她甚至不敢给自己的朋友打电话。一方面，她寻求孤独，觉得孤独可以保护自己，另一方面，她又希望能与他人接触，于是她便在这两种欲望之间游移不定。她所处的位置，如果称得上是个位置的话，那便是舞台的幕后、人群的背后或他人的阴影。从这一点来看，行政助理的工作非常适合她，尽管她并不满意这份工作。她说："我知道自己不属于这个位置。但是我又不知道自己真正的位置在哪里。"总之，她明白自己活在现实生活的边缘地带，而这便是融合式消除带来的必然结果。

不过，那些更愿意采用英雄式全能这一机制行事的人也同样生活在边缘地带。他们不会在街上互相推挤，而是径直朝前走去，不在意任何人。因此，他们强迫自己像个孩子一样，横冲直撞地穿过客厅并推翻路上的一切东西。他们所扮演的其实就是一个精力充沛且"极度自我"的"角色"。他们一走进房间，便会引发房间内的气氛变化。他们尽力引起大家对自己的关注，尽力展现自己并大声说话。然而，他们究竟想让大家关注谁呢？当然不是关注真实的他们，而是关注那个为了隐藏自我而被构建出来的性格外向的角色。实际上，他们在强迫自己……消除自我。

虽然他们认为自己在社会中活得非常自在，但是他们仍旧害怕展现自己真实的面貌。这就是为什么他们如此喜欢调侃、嘲讽别人，表现出刻薄的一面，甚至隐藏一些秘密。因为这些行为可以让他们与各种人或物保持一定的距离。这也能解释为什么他们通常不喜欢向别人道歉：因为对他们来说，道歉是一种软弱的表现。他们当然有充分的理由可以这样认为，因为从某种意义上来说，向别人道歉或者给别人让座都有可能暴露他们拼命想隐藏起来的软弱。

害怕被拒绝

缺乏信心

我们之前曾提到过内心的空虚感,这种痛苦的感受常常伴随着缺乏信心的现象。患者们经常这样告诉我:"我没有自己的意见。"他们确实没有个人的观点。一位年轻的女士向我说道:"在信心和情感方面,我很容易受到别人的影响。我会模仿别人的行为,还会重复别人所说的内容,因为我认为自己没有什么有趣的事情可以分享。"这同样也是拒绝表明立场或拒绝占据一席之地的一种表现。"其他人似乎对自己特别自信,所以我担心如果自己说了什么,可能会被人当成傻子。他们究竟是如何做到有话可说的。我的脑袋里一点想法也没有。"

显然,这一类成年人很容易受到外界的影响。他们觉得自己的生活总是会被一些事件和状况打乱。他们可以根据交谈对象去改变自己的看法或个性。为了替自己的行为辩解,他们声称自己想要做到"公平公正",而且他们认为世间万物皆对错参半。总之,他们会尽力做到不偏不倚。"如果我对某个主题没有十足的把握，我认为自己不应该发表任何意见。"一位40多岁的男士红着脸向我解释道。令人讽刺的是，他们在别人眼里好似一名调解员，是中庸之道的代表人物，然而实际上，他们只是不会选择立场罢了。他们或许会利用这种误解，让大家相信自己不愿成为"自命不凡"的人并且不喜欢那些特别爱表现的人。然而，他们打心底里暗自羡慕那些真正有想法且足够胆大的人。

这样的成年人只好被动地听取周围的各种声音。他们时常患有模仿言语症，也就是说，他们往往会部分重复别人所说的话，这不禁让人想起那些咿咿呀呀学着说话的孩子，他们通过重复自己听到的内容来消磨时间……事实上，当他们不得不表达想法或提出意见时，他们几乎都会出现这种退行现象并且完全不知道该如何应对。于是，他们开始说话含糊不清。

害怕谈论自己

每个人或许都有过这种不愉快的经历，即在一群人面前做自我介绍。其他人看起来都非常轻松，而你却在不安地等待着轮到自己，同时尽力挤出一些已经组织好的语言："大家好，我叫……"你发抖、出汗，甚至想要逃离。终于轮到你了：你吞吞吐吐地说了几句毫无新意的话，让在场的所有人都感到无比尴尬；你觉得其他人可能已经发现你说话时声音在颤抖。接着下一个人继续做自我介绍。面试、会议、口试、演讲：对于那些或多或少患有"社交恐惧症"的人来说，这些场面都是极其可怕的。如果你是这样的情况，那么你应该清楚，自己在这些时刻尤其会感到力不从心。你觉得自己完全就像个孩子一样，围绕在大人身边却什么也做不了。"孩子"一词（拉丁语词源: infans）原指"不说话的人"，即没有发言权的人，由此可见，这种解释并非全无道理。

交谈似乎总是意味着说很多的内容，揭露很多的秘密，确切来说，揭露自己所谓的冒名顶替者的身份。可是这样一来，力所不及的感受以及害怕被嘲笑的恐惧感会特别强烈。因此，你必须想方设法地让自己避免交谈。

你会采取的其中一种方法，我将其命名为"自动倾听"（尚未有正式的说法）。你和一位朋友正在交谈，但是你没有任何自己的想法，你只负责倾听。然而总有那么一刻，你会感到厌烦并且想要逃离，你会想到其他事情而不再去关注对方所说的内容。你显然有些心不在焉。不过，你的大脑似乎可以自动追踪对话信息，因此，你能够在适当的时候点头示意，也能够提出一些小问题让对方继续讲述，还能够在必要的时候轻松地接话。这样看来，你早已是回话艺术的大师，不仅可以避免发表意见，还可以避免谈论自己。

逃避是你可以诉诸的另一种方法，不过这种方法可能存在一定问题。一位腼腆的患者这样向我解释道："当我处在人群中的时候，哪怕是和朋友们待在一起，我也会躲在一旁或者试图尽快溜走。我有一件苦恼的事，就是我害怕和别人说再见，因为这样的话所有人的目光都会看向我。"从那以后，他很快开始对人群产生厌恶。还有一些人，他们侥幸逃过了这一切，却被大家认为是"沉默寡言"。因为所有人都得猜测他们的想法。一位女患者这样讲述道："我的丈夫不会说话。所有事情都无须言明，都是心照不宣的。我们之间不可能有真正的对话。"他竟然不会说话！难道他不想说话吗？或许他只是和孩子一样，还不知道该如何说话。

然而，当你不得不表达自己的想法时，你可能会使用一些融合式消除的手段，比如躲避对话，包括回答过于简洁，让别人发言，转移话题。相反，你也会使用一些英雄式全能的手段。你会说很多的话，但是没有任何重要的信息。你还可能会说一些嘲讽的话或玩一些肤浅的文字游戏来应对交谈过程中的冷场时刻。逗笑别人可以使你的人际关系变得更为肤浅，从而消除所有的利害关系。

通过这些手段，一个恶性循环就这样形成了：由于过分地贬低自我，我们会害怕被大家视为无趣的人，害怕被大家抛弃。因此，我们必须想方设法地吸引别人的关注，哪怕需要我们展现自己的弱点。

害怕承担责任

拒绝被认真对待

我们会明白，无论是自我消除的倾向还是自我展现的欲望，其实都是因为我们害怕被认真对待。既然如此，还有什么办法比采取幼稚的行为更有用呢？不愿接纳自己的成年人清楚地知道，当他们被认真对待时，所有人都会将他们视为成年人。在生活中，他们可以直观地感受到这一点。因此，他们都会宣扬心理学家赫尔穆特·凯瑟（Helmut Kaiser）所总结的内容："不要对我太认真。我不属于成年人的范畴，因此也不能被视为成年人。"[1]只不过他们表述的语言和态度因人而异。

正是这样的行为准则导致你走在街上时会不自觉地产生一些所谓的信号，这些信号命令你要做到自我消除，而在其他情况下你也是如此。但是请注意，这一切并不存在任何的必然性。当你再一次走在街上时，你只需留意并抑制这些信号，便可以让自己相信，想要被认真对待只能依靠自己。如果你可以更加坚定地守住自己的位置，你会发现其他人正在默默地适应这一状况，而且你也没有必要为了在人行道上回避别人，从而在电线杆之间舞来舞去……

然而目前，你可能还不想放弃自己熟悉的存在方式。因此，当你出现在他人面前或者在约会、面试、会议等工作场景时，你可以先观察一下自己在日常生活中发出的这些"信号"究竟是什么。精神病学家欧文·亚隆是这样描述这些"信号"的:"有些人总是以一种匆忙且随意的方式或者面带微笑地提及一些痛苦甚至悲惨的事件,似乎他们不应该过多地停留在这些事件上。他们还表现出想要夸大自身缺点的意愿。他们用一种荒谬的方式来表达自己所取得的各种成就,或者在提及这些成就之后,补充一系列自己的失败经历。他们说的话有时看起来很不连贯,而且他们经常东拉西扯、毫无头绪。通过提一些天真的问题或使用孩子的语言,他们让自己拥有了与众不同的自由,他们表示自己并不想被归入'未成年人'的范畴内,也不想被视为成熟的个体。"[2]

由此我想到了一位58岁的患者,她叫维罗妮卡,是一名医生。在治疗过程中,她一直坐在沙发的角落里。她不安地捏着手指,常常话还没说完就重复道:"我脑子糊涂了……找不到合适的词了。"她确实有口吃的习惯,而且她经常为此向别人道歉,仿佛自己在参加口语考试一样。她说话总是犹豫不决。然而,最让人印象深刻的是她那双蓝蓝的大眼睛,她就像个认真思考的小女孩一样,一会儿盯着天花板,一会儿盯着地板，还时常左顾右盼。当她说话的时候，她会露出害羞的表情，她的嘴巴时而紧闭，时而张开，有时她还会露出带有歉意的笑容去恳求别人的原谅。这个58岁的"小女孩"竟是一名医生，她是如何做到的？她向我承认，她这一生都得付出巨大的努力才能掩饰自己对他人的恐惧感，同时把自己的态度伪装成善解人意和同情……如今，她觉得自己完全虚度了人生，还因此患上了抑郁症。

这种孩子般的生活态度（体现在个人的声音与姿态上），虽然表面上看起来没什么危害而且十分诱人，但其终究具有自我毁灭的倾向。这种生活态度在夫妻之间、家庭内部甚至工作场合都很常见，而且我们通常认为它不会带来任何严重的后果。但是，它会使我们固执地停留在孩子这一幻想的身份上，并且阻碍我们表达自己的想法。

有时，笑容是一种很重要的非语言信息。即便客观上不存在任何笑的理由，我们也经常会突然间开始发笑，以此来减轻刚才所说的话带来的影响。因此，笑容有时意味着："刚才我说的话没什么意思。"除了这种防御性的笑声以外，我们还会有一系列其他表现，比如口吃、脸红、精神运动性兴奋（即不停地乱动）。我们通过这些表现，明确地告知交谈对象，我们自认为低人一等。尤其是脸红的表现，因为它暴露了我们的童年羞耻感。不愿接纳自己的成年人和孩子一样，觉得自己很容易会被揭穿。他们认为自己就像一本摊开的书籍，其他成年人扫一眼就能看穿他们的内心。在某些情况下，他们觉得自己是完全赤裸的。为了不接纳真实的自己，他们天真地收集了各种借口与谎言，然而最终他们却对此感到十分羞愧。他们的身份遭到了怀疑，因为他们发现自己其实就是个冒牌货。虽然脸红是一种自卑的表现，但这种表现能迅速得到他人的宽恕甚至同情，因为这是人的本性。最终，那些爱脸红的成年人巩固了他们一直以来坚持的孩子的身份。他们又重新融入了社会秩序之中，因为他们非常害怕被排除在社会秩序之外。

想要服从命令

我曾提到过，想要成长，就必须摆脱父母的权威。然而，对于有些人来说，这一点难以想象。他们觉得，如果没有得到其他人（朋友、同事、配偶等）的认可，他们就无法做出决定，因为他们一直以来都需要得到父母的认可。的确，他们需要得到批准。因为他们从来都没有想到，承担责任与做出选择的人应该是他们自己。或许他们小时候必须要服从父母的权威，但是也不一定。他们可能只是偶尔发现，服从命令可以让他们避免犯错或逃避责任。他们放弃了自由选择的权利，却只会发现自己过着完全不属于自己的生活……在这两种痛苦的生活之中，他们或许选择了更加难以忍受的痛苦。

然而，英雄般的成年人会迫不及待地想要承担责任，可是他们却没有意识到自己的抱负往往是不切实际的。他们有时和孩子一样，固执地认为自己比实际上更成熟、更老练，而且对自己很有信心。虽然他们在工作中表现得非常专业、高效且勤奋，但是他们几乎总会被精明的领导猜出他们心中想要拒绝承担现实责任的想法。事实上，他们或许太过追求完美，以至于给人留下一种自命不凡的印象；他们可能理所当然地认为自己比同事优秀，于是便和同事保持一定的距离。很少有人能够博得他们的好感；他们会毫不犹豫地发脾气或者违反公司的规章制度，只是为了远离其他人独自做事。正因如此，他们无法领导别人，因为他们做不到严格服从命令。总之，尽管他们有时取得了辉煌的业绩，并且全心全意地为公司付出，但是他们仍旧难以获得自己应有的晋升机会。

想要服从命令与拒绝服从命令，二者本质上是相似的：它们的根源都在于拒绝承担现实责任，即存在性责任。我们应该注意到，一些不愿接纳自己的成年人有时会获得意想不到的成功。事实上，不成熟的表现并不会阻碍他们拥有某一特定领域的天赋：波德莱尔、毕加索等许多天才的人生都证明了这一点。然而，当他们面对自己的成功时，他们可能会出现严重的心理失调问题。想想有些歌手、演员、艺术家，他们不是深陷于毒品和酒精的旋涡，就是想要自杀。他们有这样的行为，不是因为无法忍受自己被过度曝光在公众面前，而是因为他们无法忍受自己被过度曝光在生命面前。想想那些获得晋升之后便"自以为是"的人，他们往往会认为自己非常伟大，逐渐迷失自我，甚至过度自我膨胀。

虽然心理学一直都没有将"自以为是"效应作为研究对象，但是它与怯场显然是完全对应的两种现象，因为"自以为是"的表现通常意味着我们退化到了全能儿童的阶段。

害怕被束缚

孩子不知道如何约束自己,这会给他们带来很多危险。因此,在他们学会约束自己之前,他们的父母会包容他们,给他们施加限制。当他们长大以后,如果他们还没有克服对成长以及表达自己的恐惧,他们将难以让自己停下来或者不再乱动;他们将意识到自己和小时候一样很难站在原地不动。如果他们必须要坐着的话,他们会不停地做出一些想要逃跑的动作:晃动双脚,玩弄小物件。他们不喜欢身体紧绷或者被束缚的感觉,尤其是当他们难以挣脱的时候。之所以社会规约(礼貌、等级制度等)对他们来说是一种沉重的负担,是因为社会规约限制了他们的行为与思想。

这种害怕"被束缚"的感觉体现在他们日常生活的各个方面。他们对任何事物的迷恋虽然短暂,但却一次接着一次,不曾间断。例如,他们总是从一本书突然跳到另一本书,很难专注地把一整本书读完,最终无法享受阅读带来的巨大益处。他们的爱好和兴趣同样也会经常发生变化。他们更相信直觉而不是方法。与其严格遵照方案或计划——这种做法让人觉得是在浪费时间或走捷径，他们更愿意"凭感觉"做事或者走一些弯路，可即便如此，他们还是会因为事情没有做好或者没有完成而自怨自艾。

在乘坐公共交通时，他们会优先选择靠近车门的位置，以便可以尽快离开。他们总觉得自己有必要不停地逃避，于是他们便经常换住处、换岗位、换工作、换公司。倘若他们无法离开自己的住处，他们便会挪动家具，频繁地改变室内的布局和装饰。

在人群之中，他们会感到很不自在，而且总是身处边缘地带。无论是对待朋友、伴侣，还是对待工作，他们都希望自己可以拥有"三头六臂"，这样便可以做到面面俱到。这就是为什么，当他们无法达到这种"分身"的状态时，他们会感到焦虑不安。这就好比当幽闭恐惧症患者去到一些密闭空间时，如飞机、地铁、电梯、电影院等，他们也会出现同样的症状。当电梯突然停在两层楼之间或者地铁突然停在两站之间时，他们可能会产生严重的焦虑情绪，同时伴有对窒息、昏厥甚至死亡的恐惧情绪。

如果他们无法约束自己，甚至无法控制自己的话，他们就像正处于尚未接受如厕训练的儿童（大概在三四岁以前）一样，很有可能会越界，侵犯别人的空间，做出一些身体上或语言上的过分行为，甚至"放纵"自己。他们往往会忽略，甚至无视自己的肉体与心灵，因此也会无视别人的存在与位置。

他们既不控制自己，也不受人控制，因而他们往往会将自己完全展露在大家面前。当他们在做一些手工或者在休闲娱乐的时候，他们会把自己的东西丢得到处都是，还会打开所有的门、柜子或盖子；他们可能还会做出一些"越矩"的行为，比如在别人用厕所时打开厕所的门或者用身边人的物品。在相同情况下，采用融合式消除机制的人会毫无保留地向家人和朋友倾诉自己的心声，直到自己再无秘密可言；采用英雄式全能机制的人则会尽力吸引所有人的注意。

拒绝被他人控制以及拒绝控制自己，二者几乎总是形影不离，这一点从我们的个人习惯中就可以看出来。我们常常会同时进行多项活动，比如我们可以有条不紊地居家办公，还可以一边吃饭一边工作，甚至可以同时开展多个项目，但是最终我们会因此而迷失方向。我们可以一边打电话一边胡思乱想，同时又在维修家具和做饭……正因如此，我们经常会遇到一些小意外：疏忽大意、丢三落四、打翻东西等，各种各样的小错误并不少见。我们也会抱怨，自己总是撞到墙、家具、门，甚至人。这一点表明我们难以感知到存在的事物，所以我们是闯入了这个世界，就像盗贼一样。因此，我们往往会"惩罚"那些撞到我们或者无法正常运转的事物……

害怕失去一切

金钱、工作、房子

不愿接纳自己的成年人会下意识地拒绝承担现实责任，所以他们尤为脆弱、迷信，甚至对命运的安排感到忧心忡忡。对他们来说，成功或许是一种危险。和许多人一样，一位女患者曾这样对我说："即便我开启了自己的人生或者在某件事情上取得了成功,我也会告诉自己,此刻必将会有倒霉的事情发生在我身上……"

令人意外的是,她的直觉竟然相当准确!只不过她所预感到的"倒霉的事情"并不是日常生活中的一次意外事故,而是死亡似乎突然成为了现实,因为成功让她不得不完全承认自己的存在。自此她开始害怕失去一切。

你是否也在这段话中看到了自己的影子呢?说实话,所有人都会有这样的感受,至少当我们意识到世界上没有任何东西真正属于我们的时候,便是如此。斯多葛派哲学家曾表达过这样的思想:世间万物皆不属于我们。我们必须在死后归还一切,然后和来时一样,两手空空重新开始。这种想法对于一些人来说是痛苦的,对于另一些人来说是抚慰人心的,但是毫无疑问,所有人都在担忧这一点。

导致人们忧虑的原因有很多,其中最常见、最合理的便是害怕身无分文。除此以外,害怕失去工作和住处也同样十分常见。拒绝长大与拒绝承担责任都有可能导致人们忧虑缠身或忧虑过度。

拥有的意义

想要完全了解上述提及的这些庞大的话题,只写一本书是远远不够的。因此,我在这里只能先强调一个重点:害怕失去一切,归根结底是因为我们难以守住自己的位置。当这种情况发生在我们身上时,折磨我们的并不是失去金钱或工作,而是害怕意识到我们还未走进自己的生活。贫困状况可以反映出我们在多大程度上仍处于生活的"边缘",从而揭示出我们在多大程度上仍依赖他人。

因此,我们会出现各种不同的行为表现。我们可能会不愿查看自己的银行账户,倘若我们强迫自己这样做,我们便会感到不寒而栗;我们可能没有能力去谈判工资、讨价还价、索要报酬,甚至无法谈论任何与钱有关的事情,这一点让我们有些恼怒;我们可能会给人留下这样的印象——当我们和朋友去餐厅或咖啡馆用餐时,结账的总是我们;我们可能会有这样的条件反射——因为担心自己做得不够好,所以不得不送出一些极其昂贵的礼物。在这些行为的帮助下,我们可以弥补自己心中那份缺乏内在价值的信念感。同时,我们还可以尽力保留比爱更为珍贵的事物:依赖他人获得的安全感。(不断)依赖他人这件事似乎比情感本身更为重要。如果依赖他人是我们感知自身价值的唯一途径，那么阻断这一途径其实就相当于自身价值的消亡与毁灭。这一点导致有些人会过度关注金钱与物质财富。对于那些拒绝长大的成年人来说，拥有究竟意味着什么？为此，经济学家贝尔纳·马里(Bernard Maris)[1]做出如下总结："资本主义寄希望于那些欲壑难填、热衷消费却又否定死亡的孩子。这就是为什么我们说资本主义是病态的。对金钱的狂热追求不过是希望延长时间罢了，这是一种幼稚且有害的欲望。它让我们忘记了自己真实、迷人的独特欲望——对爱的渴望。"[3]

心理治疗：找回自己的位置

逃避与放纵

想要明白为什么找回自己的位置如此困难，我们

---

[1] 贝尔纳·马里（1946-2015），法国经济学家、作家、记者。——译者注

就必须区分两种命令：逃避与放纵。

逃避的命令

基于运动和速度的逃避（即不被他人控制）会让人们产生一种持续向前逃跑的行为。不过，这项命令并不会将人们带往遥远的地方。与其说它是为了让人们在生活中不断前进，倒不如说是为了让人们保持一种捉摸不定的状态。

人们确实需要逃避，可是究竟在逃避什么呢？逃避成年人的生活与死亡。人们认为成年人的生活就像一个陷阱，最终必然会走向死亡。长大成人其实意味着我们要接受现实生活的局限性，从而意识到自己正面临着一些所谓的存在性限制（死亡、无意义、孤独、责任）；接受这些限制，其实就是学会忍受无聊与规则，学会接受时间的流逝以及学会意识到自己的存在。因此，我们可能会借助任何事物（酒精、麻醉剂、药物、食物、消遣活动）来帮助自己产生一种幼稚的幻想——消除自身的限制。

放纵的命令

放纵（即不控制自己）是指人们拒绝将自己与世界明确区

分开来以及拒绝作为一个独立的个体存活于世。因此，放纵的命令会导致人们不断地向外界宣泄自我，而这样的做法也会反过来形成放纵这一命令。

逃避与放纵的命令的确具有心理防御的作用，但是正如我们所见，这些命令也造成了许多问题。因为它们必然会损害我们自身。

其中一个问题便与睡眠有关。我们可以这样理解：拒绝"被他人控制"会导致我们害怕封闭的黑暗房间，于是失眠。同样地，拒绝"控制自己"（比如控制自己的欲望）则会让我们出于对自我约束的恐惧而熬夜追剧到凌晨4点，那我们必然会疲惫不堪……这可真是太难抉择了！

在饮食、恋爱、工作、钱财、家庭等许多方面亦是如此，而且必定会造成不利的结果：超重、失望、过错、失败、冲突……

最终，这一切所导致的后果便是我们难以"把事物摆放在正确的位置"，也就是说我们难以遵守明确的限制。有些人可能会认为"把事物摆放在正确的位置"意味着我们的思想受到了限制。然而，没有范畴化就不存在思想，也就不存在健全的心理。任何人都会因为拒绝"范畴化"而导致思维混乱，甚至还会引发精神障碍。例如，人们通常能在精神疾病以及精神变态的症状中发现一些常见的范畴混乱现象，特别是难以区分男性与女性、生者与死者以及不同代际的人，而这些现象也会导致患者出现一些极其混乱的思想和行为。

在前几节中，我们已经明白了如何潜移默化地区分不同代际的人（叙述生平事迹的方法），区分自己与父母，区分自己"儿童的一面"（情绪）与"成人的一面"（思想），以及区分真实的自我与虚假的自我。为了更好地确定自己的位置，我们下一步应该怎么做呢？

病例：艾米莉——从关系融合到思维混乱

艾米莉是一位23岁的年轻女士，她说她在生活中已经完全迷失自我。她患有暴食症、焦虑症以及抑郁症，而且经常使用各种麻醉剂。她不知道如何对待自己的生活，也找不到属于自己的位置。从第一次治疗开始，我就对她的语言水平感到震惊，她说话是如此没有条理且晦涩难懂。哪怕是一个简单的开场问题（比如"你好吗？"），我也无法领会她想表达的意思。她总是纠结一些无关紧要的细节，提到许多没有名字的人物。她说话东拉西扯、吞吞吐吐，经常评论自己刚刚说过的话……尽管这些言语表现会让人联想到精神分裂症患者的说话方式，但是艾米莉完全没有任何精神疾病。事实上，她头脑敏捷，没有一丝一毫的妄想。此外，即便她清楚地意识到她在放纵自己，她也还是会继续胡言乱语。因为她深信大家都会理解她所表达的意思。或许她更希望别人通过她的眼神直接获取她所传达的信息。然而，她并不清楚，自己与所有人的沟通都太过简洁，而且必定存在信息缺失的现象。这样一来，别人两三句话就能说完的事情，她却花了足足10分钟。总而言之，她什么话都想说。

艾米莉的母亲极度依赖自己的女儿，她思维混乱，总是急切地说出与自己有关的任何事情，还想了解与女儿有关的任何事情。因此，在进入正题之前，她常常会纠结各种各样的细节。在她的言行举止中，放纵与逃避的命令都尤为明显。总而言之，艾米莉便是在这样一位母亲的陪伴下长大的。

治疗的首要任务是对艾米莉与其母亲之间的融合关

系进行命名与描述,这样一来,艾米莉便可以"背叛"自己的母亲,即脱离融合关系。不过,想要与自己的母亲保持距离,最有力的手段便是改变自己的说话方式。艾米莉曾对我说:"我根本不知道哪些想法真正属于自己。"因此,我要求她,无论是在治疗过程中还是在日常生活中,都尽力控制自己口无遮拦的习惯。她的任务便是用更直接、更简洁、更通俗易懂的方式来表达自己的想法,同时接受自己无法详尽表述这一事实。这的确是一项非常基本的任务,因为艾米莉必须接受别人无法完全理解自己的事实,从而接受人与人之间存在不可逾越的鸿沟。

有时我们会在治疗过程中建议使用认知矫正[1]的训练方法,这一方法不仅有助于改善患者思想的形成和话语的产出,还有助于提升患者自身的存在感。这一点自始至终都与人们的成长有关。许多人认为自己之所以思维"过于发散",是因为他们"极具潜力"。然而,我们有理由认为,这或许更像是一种孩子的思维模式,因

---

[1] 认知矫正是指一整套用于恢复或改善认知功能(如记忆、规划、理解社会关系)的技术与手段。——译者注

为他们在某些方面确实存在一定的困难，比如聚集自己的创造力，对头脑中出现的想法进行等级排序，抑制那些毫不相干的想法。艾米莉不得不有意识地努力让自己放慢语速，避免扯开话题或提供一些不必要的细节。但是，她必须牢记，这种训练方法的真正目的是让自己停止逃避或放纵，从而找到属于自己的特定位置，最终学会自我控制——得到他人的理解与肯定。

立足自身的重要性

上文所述的所有内容都是在引导我们思考立足自身的问题。当我们在寻找自己的位置时，我们最好先审视一下自己属于哪些群体。精神病学家罗伯特·纳伯格（Robert Neuburger）[1]曾这样写道："赋予孩子人性以及让孩子获得存在感的方法或手段，本质上就是与他人建立关系：最初是与母亲的关系；然后是与周围其他人的关

---

[1] 罗伯特·纳伯格（1939-），法国精神病学家、婚姻家庭治疗师。——译者注

系。事实上，通过融入家庭与社会，孩子获得了归属感，从而认为自己被赋予了某种身份……因而，在父母的陪伴与社会的支持下，我们认为自己是存在的，或者更确切地说，我们学着让自己获得存在感。"[4]

我们必须重视自己在家族内的位置，因为这种位置并不是一成不变的，而是会不断地发生变化。在朋友、同事、协会成员之间，亦是如此。我们早已明白，最重要的是接受自己真正地融入某个群体，选择并接纳自己的位置，而不是永远停留在摇摆不定的状态。

然而，立足自身并不能简单地归结为找到我们所处的某个物理位置或社会位置。这还关乎我们的信念与世界观。例如，你对时事政治或当今社会有何看法？对于政策执行、工作、教育、人生、爱情等，你又有何看法？你所认同并愿意捍卫的观点是什么？

因为缺乏足够的信息或者对问题缺乏彻底的了解（出于对完美主义的追求），许多人承认他们无法做出决定。他们非常害怕说出一些蠢话而让自己显得滑稽可笑。与此同时，他们也没有做任何事情来形成自己的观点，他们坚信自己无论如何都没有这样的脑力可以产生自己的想法。可实际上，为了防止暴露自己成年人的身份，他们在不知不觉中做了许多事情，因为他们认为只有成年人的想法才值得被关注。

我们应该如何纠正这一点呢？我们如何才能学会找到并坚守自己成年人的位置呢？

我在治疗过程中，最先关注的是患者坐在沙发的哪个位置以及他们的坐姿。有些患者坐在沙发的边缘，仿佛他们随时可以起身离开。他们似乎表明了一点："我确实在那儿坐着，但又好像不在那儿。"还有一些患者甚至连外套都不脱……但最值得关注的是这些患者如何接受他们所说的内容。我曾提到过防御性的笑声、口吃、脸红等一系列表现，这些表现往往意味着："我这人没什么意思，不要对我太认真。"不过，我还遇到过这样的患者，他在我说话的时候会不停地点头以示同意。他仿佛在不断地对我说："我同意你的观点，我也在听你说话并支持你，我希望你明白我完全信任你，我不希望我们的关系就此结束。"

这位患者既没有意识到他在重复这个动作，也没有意识到这个动作所传达的信息。因为这是一个他完全注意不到的老习惯。然而，这个点头的动作很好地概括了他在生活中所处的地位：他总是同意别人的想法，不懂如何拒绝，他是如此的乐于助人以至于常常被人利用。虽然造成他颈椎疼痛的原因非常明显，但是他却一直都想不到……

更让人意外的是，当他表达自己的想法时，他会不自觉地摇头。这一动作显然会让人觉得他在否定自己的言论与观点。总而言之，他总是肯定别人，否定自己。

当然，我们还可以从其他有趣的角度来解读他的行为。我曾多次提到，想要成长，就必须转换位置。通过尽力避免点头的动作，这位患者可以立即做到这一点。不过，这对他来说是一个多么艰巨的挑战啊！即便全神贯注，他也坚持不了10秒钟。他得花上好几周的时间才能减轻这种条件反射并保持相对中立的态度。对他来说，这不是一项简单的肌肉放松训练。他要平等地对待自己的交谈对象，同时又展现出一丝对抗的意味。他还要勇于坚守自己的位置并把话语权全部交给对方，因而他无须担心会出现意见不合的状况。这样一来，他便可以更明确地表明自己与他人的界限，同时学会如何

"恰当地"对别人的话语做出回应。

其实,存在就是接受自己在打扰别人的事实。对于融合关系中的患者来说,他们总在担心自己会被拒绝,因此,这项训练将会是一次严峻的考验,会唤起他们对被抛弃的恐惧感。然而,随着时间的推移,这会让他们以一种非常具体的方式来占据自己的位置,最终发现自己与他人的关系要比想象的更为牢固。

许多活动或训练都可以达到立足自身的效果,如戏剧表演、即兴演讲、舞蹈表演等,每个人可以根据自己的情况进行选择。虽然舞台通常是一个暴露自己的地方,但是任何人都可以在舞台上安然无恙地展示自己存在的合理性。此外,我们之前提到有关人们在大街上的表现亦是如此。令人惊讶的是,行走本身便可以让人们觉得找到了自己的位置。其实,行走就是在公共空间展示自我、暴露自我,并且敢于寻找自己的存在感。

时间表的治疗作用

倘若我们难以确定自己的位置,我们的生活将会

"漂浮不定"，失去目标和方向，甚至无所事事、动荡不安。

于勒是一名大学生，他住在自己的单身公寓里，几乎像个隐士一样。他虽然正在求学，但是很少去学校上课。他每天都起得很晚，然后抽根烟，晃悠一会。他花大把的时间上网，有时也会尝试作曲，就这样浑浑噩噩地度过白天的时光。到了晚上，他的焦虑症开始发作，于是他便从食物和电视剧中寻求安慰。他日复一日地过着这种日子，尽管他在网络上与朋友还保持联系，但现实中却好像与世隔绝。

于勒没法说出自己前一天都做了什么。当他被问到这个问题时，他不得不绞尽脑汁地回想过去。他就像个孩子一样，一边努力生活，一边遗忘自己做过的事情。他的生活仿佛不停地在原地打转。他不接受任何束缚，也不给自己强加任何限制。然而，只有这些限制才能拯救他，帮助他重回成年人生活的轨道。因此，他有必要进行一项简单的训练——制订时间表。

时间表对我们有什么帮助呢？首先，时间表可以将我们投射到超出当下的某个时刻，从而赋予我们未来的某个位置。要制订时间表，我们就不得不提前明确时间、地点以及目标。其次，时间表是一种承诺，它代表着行动的开始。例如，虽然我真心计划从明天开始努力完成我的手稿，但其实从制订计划的那一刻起，我就已经开始着手准备了。尽管这一切看起来很不真实，但并非毫无用处：任何承诺都能激发我们的心理作用，尽量防止我们成为精神上的流浪者或出现一些冲动、无意识的行为，比如大吃大喝、酣睡不醒或沉溺于消极的逃避行为。此外，我们还注意到，因为时间表界限分明，所以它可以帮助我们逐渐摆脱逃避与放纵。

写作：一种存在主义心理训练

写作，甚至是普遍意义上的艺术创作，都被视为一种存在主义心理训练。不过，倘若不先对写作进行阐述，我们将无法回顾并总结那些帮助我们接纳自己的简要方法。我们需要明确指出，"存在主义"写作与上文提及的"叙事方法"之间有很大的不同，也与写作培训班所教授的内容毫不相关。

很多人将艺术创作（绘画、写作、音乐……）视为生命中不可或缺的一部分。这些人的头脑中常常会有一些尚未完成的作品。他们的抽屉里放有一些笔记本，上面布满了各种内容，比如文章节选、大纲草案、歌曲开头的旋律、故事梗概以及各种草图或想法。

我们以写作为例对此进行详细阐述。35岁的莱奥希望可以出版一部自己的格言集。他或许和你一样，想要完成一篇随笔、一篇叙事性报道、一本短篇小说集或一部剧本，但是他并没有做到。他时不时会想起这些事情，然后很快又忘了。当有时间的时候，他却灵感枯竭；当没有时间的时候，他又文思泉涌。这样的情况持续了15年之久。他有些惭愧地想到了自己那一堆乱七八糟的草稿。如何将这堆草稿变成一部真正的作品呢？

首先要明白一点：这一堆草稿里的文章代表着莱奥本人目前的状态。因此，他本人便是一种由不同的思想与格言构成的集合体。他不想在生活中暴露自己，就像那些被遗忘在阴暗角落里的文章一样，他不希望自己"被出版"，只想保持一种捉摸不定的状态。

然而，如果莱奥可以接受这种似曾相识的状态，那么他计划出版格言集的想法将会成为一种强有力的治疗手段。

事实上，莱奥不知道如何将自己的文章进行排序。他不知道应该将哪篇文章作为开头，哪篇文章作为结尾。说实话，他也根本不清楚自己想要把读者带往何处。这样的态度体现在他日常生活的方方面面，甚至在他每一次的对话之中：他做事糊里糊涂、杂乱无章，因为害怕成为他人的笑柄，所以隐藏了自己大部分的想法；他的思维总是缺乏连贯性，除非他可以在自己的房间里偷偷写作。他说："我不想展示任何尚未完成的作品。我也不想说出自己的想法，因为如果我在动笔之前先说出了这些想法，我会觉得自己糟蹋了这些想法。"他所要表达的意思是：我不想展示自己真实的模样，因为我是不完整的；我还没有做好准备展示自己，所以我隐藏了自己的一切。这完全就是孩子的想法：从不完成任何事情，从不踏入人生的舞台！因此，他必须从根本上改变自己。

我建议莱奥先从制订计划开始做起。对此，他回复道:"我对计划没有任何概念。其实,我也不想制订计划,我更喜欢凭直觉做事。"我们会这样理解他所说的话:我不想为我的生活制订计划,这让我感到恐惧。况且,我无法预测自己将来会发生什么事情,所以我又如何能做到这一点呢?

在撰写计划的时候,我们必须承认自己还有一个临时的计划,或者至少是一个意图。因此,这是我们要承担的第一个风险。不过,风险不算太大,因为临时的计划和我们的生活计划一样,都会随着事件的发展而不断地发生变化。渐渐地,我们找到了未来的方向,能够更好地规划未来,从而获得了一种责任感。

所谓制订计划,不过就是相当于给作品及其各部分、各章节起标题或副标题。这样一来,计划便具有了整体性。当然,如果想要更深入地参与到文学或艺术作品的规划中,我们就必须花时间、下功夫,至于我们的生活规划亦是如此。为什么要写这样的主题?这些主题对我而言有什么重要的意义?我要说什么才能给别人带来乐趣呢?最重要的是,我算作家吗?

针对最后一个问题,莱奥给出了否定的回答。"我还不算。想要自称作家，我得先出版两三本书。"这是一个常见的误区。因为如果我们不认为自己是作家的话，我们就无法真正地进行写作。然而，这并不意味着我们必须幻想成为一名作家或者人为地给自己贴上"作家"这一标签；其实，我们只需要明白一个非常简单的道理：写作是我们自身的一部分。

我将以你手中的这本书（《阻碍成长的四种恐惧》）为例，简要介绍如何制订计划。不过，由于篇幅限制，我无法面面俱到。

起初，这本书并没有什么特别之处。几个月以来，我一直在想怎样才能避免把这本书写成一份冗长的恐惧清单。于是，我撰写了一份（非常糟糕的）提纲，虽然我对此并不满意，但我还是按照这份提纲开始提笔写书。很快，我便意识到了自己的问题。我想为读者提供什么样的阅读体验呢？阅读一份包含各种解释的恐惧清单吗？这似乎并没有什么说服力，也无法解释为什么写一本有关自身恐惧的书籍如此重要。通过不断地"打磨"自己的提纲，我的脑海里终于涌现了一个想法。我发现这本书的核心思想可以概括为：尽管我们认为自己是成年人，但是我们并没有达到成年人的状态。

想必你已经知道，这一点便是我准备提出的"游戏规则"。当然，我是第一个与此规则相关的人：我首先应该探索自己内心幼稚的一面。和所有的规划一样，我的人生规划从自己的痛苦经历开始，因此它也成为了可以让我依靠的有力支撑点。我很清楚，在读完这本书之后，我会全力以赴地完成自我构建，改善自己在世界中所处的位置，并完善自己赋予生活的意义。事实上，我一直都坚信，不论什么样的作品，只要它可以帮助人们减轻存在的痛苦，减少这个世界的痛苦，它就已经达到了既定的目的。

处在自己位置上的感受

在家庭以及生活中，每个人都有属于自己的位置，而且理应参与到他人的心理防御中。每个人都是他人系统中的一个组成部分，然而正因如此，大家才很难处在"正确的位置"上。

一位名叫蕾拉的顾问曾给我写过一封信，此处我想引用信中的几段话。[5]这封信提到了她处在"错误的位置"时内心的感受以及她是如何找到自己正确的位置的。首先,她描述了困扰自己多年的痛苦经历。

"……其实我明白,我只是占据了一个本不该属于自己的位置。自我出生以来,人们便将这一位置强加给我,让我填补并承载那些不属于我的事物。他们从未明确提出这样的要求,也并未带有任何恶意。可我们仿佛生活在积木世界里,每个人都是一块不规则的乐高积木,为了不让建筑物倒塌,我们被放置在了某个特定的位置。虽然我们都在坚守自己的位置,但是我们并非自愿……出于一些错误的原因,人们将这一位置强加给我们,而我们却'别无选择'。这让我们在任何地方都感到格格不入。然而,我们并没有意识到这一点。这也就是为什么我们会感到如此痛苦……"

我们被赋予了一个"错误的位置",同时我们也默默地接受了它。可是,如果这个位置会带来痛苦的话,我们如何能够找到自己"准确的位置"呢?找到之后,我们又会作何感想呢?蕾拉这样写道:

"此时此刻,我们无须思考。一切都将水到渠成。

因为我们已经做出了选择。一切事物都与我们保持着完全契合的状态。至于真实的自我，包括我们的外表与内心，都已不再重要。我们不会再向自己提出各种问题。因为所有的事情都显而易见。这或许就是你们口中所说的'现实的魔力'吧。这种魔力非常真实，所以人们的幸福感也是不可估量的……这便是我最近一段时间悟出的道理。这个道理非常重要。"

我们的确无法在一夜之间就找到自己的"位置"，但是我们可以感受到自己正在逐渐靠近这一"位置"。然而，即便我们找到了自己的位置，我们也会发现这个位置在不断地发生变化。我们知道自己正处在正确的轨道上，因为生活中的一切都变得更加顺畅、更加明了、更加安逸。令人感到奇怪的是，生活中的各种障碍也逐渐被一扫而空，这一切似乎表明我们的期望变得更加符合现实，或者世界正在适应我们。当然，我们仍需做好准备开始自己的生活，换句话说，我们要学会不让自己沉浸在内心的思虑之中，做到今日事今日毕，克服自己对失败的恐惧，能够独立做事并专注于自己……可是，我们又能真正学会多少呢？

第三部分

害怕采取行动

为什么我们很难在生活中不断前进？

众所周知，孩子喜欢简单重复的游戏，比如旋转木马。对孩子来说，重复做同一件事情是一种极大的乐趣。他们坐在小木马上，被它带动着不停地旋转，内心充满快乐。旋转木马让他们陷入了一种幻想，他们似乎认为生命应当永不停息。可是……他们又不得不走下旋转木马，回到家中。"我们明天再来吧。"一位父亲温和地说道。然而，孩子却开始哭闹起来，因为对他们来说，明天并不存在。不让孩子沉迷于原地打转的生活,其实就是将他们带回到残酷的现实世界:时间在不停地流逝,生活在不断地前进,终有一日,所有的事物都将停止。虽然孩子并不知道这一点,但是他们已经有所预感:在生活中不断前进意味着逐渐走向死亡。有一天,他们可能会接受这一点,也可能不会接受。倘若他们不愿接受,那么在成年以后,他们便会尝试无数种方法来搭建自己的旋转木马。他们让自己沉浸在无休止的思虑之中,思考着他们可以或应该做出什么样的决定,以及他们本该或本不该做出什么样的决定。

第五章

从选择恐惧到思维反刍

害怕选择错误

想要做到百分百确定

每当我们在做选择时，我们都会觉得触及到了自己的根基。我们常常会有这样的想法：当我解决了这个问题以后，我会成为什么样的人呢？当我做出选择以后，我又会失去什么呢？

"我处在一切事物的边缘，"一位女患者在电话里故弄玄虚地对我说道，"我的生活似乎也停滞不前。"这位女患者名叫安妮，今年27岁。她住在夏纳，想来巴黎找我咨询。她已经预约了下个月的诊疗。她犹豫了很长时间，几度想要放弃却又改变了主意，最后她还是买了来巴黎的车票。她坐上了火车，在来的路上还给我发了一些消息，看得出来她有些慌张。因为我没有立刻回复她，她感到惴惴不安。她中途下了火车，不愿再继续前往。她打电话告诉我，自己不知道该怎么办。她心里有一些疑问：坐火车去巴黎这件事，自己做对了吗？她看起来很迷茫，不知所措。最后，她又买了一张车票，决定打道回府。从此，我便再也没有见过她。

不过，在我看来，这个小故事恰好是一部分人的生活缩影：犹豫、放弃、焦虑、半投入状态、退缩以及撤回。为什么我们会有如此多的恐惧与愧疚呢？

首先，我们要搞清楚什么是选择。

严格来说，选择和决定，实际上是两码事。选择意味着对各个不同的选项进行评估；而决定则意味着去除多余的选项，只留下其中一个。

然而，不愿接纳自己的成年人会提前筛查可能存在的一些风险，比如犯错、失去机会等。他们承认，只有当他们"百分百有把握"的时候，他们才会做出选择。可是，在"百分百确定"的情况下，他们根本无须做出选择。总而言之，他们只会无限期地停留在对各个选项进行评估的阶段，以至于久而久之，他们便会陷入选择疲劳。

选择和决定永远都是一场赌博。然而，那些活得像个孩子一样的成年人却尤为厌恶其中的风险与未知。因此，他们想要暂缓、推迟甚至避免做出决定。可实际上，他们早已决定不做出选择。或者我们也可以认为，他们在以一种不选择的模式进行选择(这其实仍旧是一种选择)。

为此，他们通常会把自己的决定权交给别人，最终他们只能做自己人生的执行者。

交出自己的决定权

事实上，不愿接纳自己的成年人无法接受自己可以擅自采取行动。对他们来说，这是一件无法想象的事情。当然，这一切都是有原因的：他们做任何事情都像个孩子一样，而大人会不停地监管孩子并告诉他们，太过积极主动是会有危险的。他们接受到的命令让他们在无意识相信，自己无权做出选择，比如"不要行动""不要期待""不要思考"。于是，他们很快便会渴望得到他人的意见与建议。他们首先会向父母寻求建议，因为在他们眼中，父母生来便具有权威性。此外，他们还会向自己信任的人寻求建议。再后来，他们甚至会求助于亲戚朋友、兄弟姐妹、恋人或同事。他们不断地将身边的人卷入自己的选择困境之中，甚至是极其细枝末节的事情：穿红裙子还是黑裙子？吃奶酪还是甜点？他们将自己所有的权利都交给别人。当他们采用融合式消除的防御机制时，他们会向后退缩，将自己隐藏起来，甚至尝试自我消除。不过，他们也有可能采用英雄式全能的防御机制，在这种情况下，他们会头脑发热、情绪激动，做出一些"疯狂的行为"。他们还会遵循自身的非理性冲动，从而让自己免除一切责任。

一位女患者告诉我："当我想要买一件衣服时，我可能会在商场里逛两个小时都决定不下来。最后，我只能打电话向母亲求助。我的恋爱经历也是如此。我无法想象自己还未和母亲商量便擅自做出决定。在工作中，我也是这样。我很害怕自己做错事情，所以我会不停地请求同事帮忙检查我的工作。说实话，只有当我服从命令的时候，我才会感到舒服自在。此外，我也从来不知道在餐厅里应该选择吃什么，所以我经常会点和别人一样的套餐：我发现自己总是更喜欢别人盘子里的食物……"

事实证明，和别人做一样的事情的确可以消除自己心中的愧疚感。你是否有过这种如释重负的感觉呢？如果你独自一人在抽烟或喝酒，你便会感到十分内疚；可如果你和别人一起抽烟或喝酒，你便会感到非常自在，仿佛你身上背负的责任在群体之中被稀释了……

为了交出自己的决定权，我们还会采取另一种方法，即遵守生活中的规矩或惯例。这些规矩或惯例可能来自我们的童年生活，也可能来自长大以后我们所在的公司。因此，选择不再只是简单的条件反射，它需要我们意识的干预。我们会遵守社会规章制度，信赖各种广告，听从一些专家和社会人士的意见。因而，我们一直维持着这样的生活态度。就像购物一样，我们也是不停地消耗、购买、丢弃、回购。我们追求新潮的事物，购买所有人都推荐的产品，思考我们"应该"思考的事情——所有的行为似乎都可以确保我们会生活得非常惬意。然而，没有人会被这一切完全愚弄，原因很简单：无论我们做了什么，我们的恐惧仍旧存在。

那么我们到底在害怕什么呢？我们害怕自己的生活最终不属于自己，因为我们没有选择生活的权利——或者说没有足够的权利。我们也害怕意识到，我们其实并不喜欢自己的伴侣或工作，甚至不喜欢多年以来自己赞成的所有事情。我们还害怕，以拒绝选择为基础的心理防御机制最终会土崩瓦解，这会让我们在面对自己的存在性焦虑时毫无抵御能力。正因如此，我们才会变得控制欲过强，不过这也是增强我们内心安全感的唯一方法。

害怕不能控制

你有控制欲吗？

倘若对抗焦虑的心理防御只以思想的形式存在于我们的大脑之中，那么它不可能会有任何功效。这就是为什么我们必须要将心理防御落实到一些外在的表现上，比如我们的态度、表情、姿势、用词等；我们还要用具体的行动来实现这种心理防御，比如设计好周围物品的摆放位置等。如果我们仔细观察每个人的言行举止，我们可以识别出他们的心理防御以及他们为维持自己的心理防御所做的一些事情，比如我们可以观察物品的摆放方式，家具的布局设计，甚至盘中食物的摆放方式。

比如，有些人会担心周围环境的稳定性。他们觉得不能把盘子放在餐桌的边缘，同时要尽力确保自己牢牢地叉住了食物；他们还觉得客厅需要保持完美的状态，每当有人坐在客厅的沙发上或者移动沙发上的靠垫时，他们都会感到不舒服。的确，每个人都会有这样的感受。即便是我们最亲近的人，也同样属于防御机制的作用对象。在毫无意识的状态下，我们会把自己最亲近的人作为我们心理防御机制的其中一些"部件"。这样一来，我们便可以控制他们的行为。例如，我们可以让他们不影响我们的生活并逐渐适应我们的习惯；我们也可以替他们做任何事情，接管家里所有的事务并确保一切事务"正常运转"。

我们的控制欲和选择困难之间到底有什么关系呢？答案就是：如果我们无法选择自己的生活，且任由他人替我们做出选择的话，那么这些人很可能会做出一些不利于我们自身安全的抉择。任何事物的改变都会让我们感到恐惧，可除了让自己依附于相对稳定的事物，我们别无他法。例如，虽然你并不满意自己的婚姻生活，但是你又无法面对分离，于是你只能尽力维持现状并忍受由此带来的痛苦。你开始警惕生活中的各种变化，并且不遗余力地收紧套在自己身上的这些枷锁。

想要预知一切

许多患者告诉我，他们害怕犯错，害怕失去机会，害怕得到不好的评价，总而言之，他们害怕一切可能会打破生活中脆弱的平衡状态的事物。正因此，他们花费了大量的时间来预测自己一天当中可能会发生的所有事情。他们认为必须有条不紊地消除生活中的任何不确定因素。

30岁的克洛伊如果不能事先了解约会的"详细计划"，就无法独自赴约。她必须清楚地知道有谁会在场，自己要坐在哪个具体的位置以及自己可以提出哪些谈话主题(为此她准备了一份书面清单)。此外，她还会提前一年制订自己的假期计划并考虑到所有的细枝末节……

42岁的让如果不花上三四个小时在网上认真进行市场调研的话，就无法购买商品或预订餐厅。他害怕做出错误的选择，害怕自己的选择不是最好的。他认为自己有必要将所有的事物进行比较、分析，然后征求多方意见，进而达到接近百分百确定的状态——显然他从未达到过这种状态。最后，他总是以失望告终。无论他选择了哪一个，他都会告诉自己，另一个选择肯定会获得更好的结果……

我们都知道，选择意味着放弃，但是对于那些不愿接纳自己的成年人来说，选择却意味着失败。因此，一切事物都必须按照某种特定的思维模式去改变。当他们需要做出选择时，他们会先预想最后的结局，所以他们最先想到的或许是最坏的结果（"这肯定行不通"）。在这一假设的基础上，他们希望找到一个完美的选项。然而，这种想法只会让他们陷入一种死循环，因为他们根本不可能找到完美的答案。最终，他们要么放弃做出选择并忘记自己的设想，要么选择默认选项（比如将选择权交予他人）。但是无论哪种情况，他们都会对未来产生强烈的不满并且展现出越来越消极的态度。

这种控制不住想要预知所有事情的想法，实际上揭示了一种潜在的死亡焦虑。我们每个人都清楚地知道生命终将结束。可是，在我们的一生之中，任何选择都无法帮助我们逃避死亡。反过来，那些不愿接纳自己的成年人认为，他们做的任何选择都不能"拯救"自己，因而，任何的选项都会将他们带向死亡。这样一来，做不做选择其实都是一样的……然而，往更深层次来说，即在生存的层面上，做出选择似乎意味着选择活下去。我们做出的所有选择，哪怕是最微不足道的，都可以证明我们对生存的渴望。

维罗妮卡是一名美术老师。25年来，她一直在教授造型艺术，同时也渴望有一天能够投身于自己的创作之中。在等待这一天到来的过程中，她修补家具，在挪用的名画复制品上作画，有时还给身边的人制作一些小物件和首饰。她从未拿自己画家的身份当回事儿。她更愿意一辈子躲在其他艺术家的身后，或者鼓励学生展示他们的才华。她为什么要这样做呢？她说："因为我没有天赋，而且在艰难的艺术市场环境中，我无法靠自己的画作谋生……"

无论我们对她说什么，她都有充分的理由不做让自己快乐的事情。她说自己从父亲或母亲那里继承了爱挑剔的性格，而且自己小的时候并没有得到真正的鼓励或理解。这或许是一个重要的原因，但是从生存的角度来看，问题的根源并不在此。我们只需要向她提供一块画布、一个画架、一些颜料，再给她一些时间，她就会立刻泪流满面，同时触发严重的焦虑情绪。显然，这样的经历似乎会让她直面自己的孤独与责任，从而间接面对自己的死亡。以画家的身份踏上人生舞台并崭露头角，或者试图推销自己的作品，这样的行为迫使她将自己视为一个独立的个体，同时还要正视自己有限的生命。这就是为什么她执意要停留在当下的时间范围内。

令我们感到惊讶的是，此处的说法明显存在矛盾：我们如何既能活在有限的当下，又能不断地预知未来的危险呢？想要破解这一困境，我们必须意识到，一味地预测未来并非等同于将自己投射到未来，这一切只会让已经成年的我们混淆自己的现在与未来。这种混淆现象正好可以解释成年人痛苦的焦虑情绪，因为他们默默地将自己现在的生活与未来的死亡重合在了一起。

害怕错失

想要囤东西

选择困难往往会导致物品囤积的现象。一位女患者告诉我:"我没法在这三件外套里选择一件,所以我就都买了。"一位年轻的男士对我说:"我经常去自助餐厅吃饭。当然,我也总是吃撑,因为我怕吃不完会浪费。"还有一位家庭主妇告诉我:"我对促销活动没有任何抵抗力。"又有一位患者对我说:"我的行李箱必须要多装三倍的东西才行。"……

对许多人来说,促销活动会引发他们控制不住的购物欲。有些人发现自己拥有堆积如山的鞋子、数不胜数的衣服,可其中很大一部分,他们从未穿过,而且以后也不会去穿。橱柜和冰箱里堆满了各种食物,就连地窖也被塞得满满当当,因为囤东西的习惯常常伴随着舍不得扔东西的习惯。他们不想扔掉的东西,可能是一颗旧螺栓、一个旧盒子或者一个有缺口的杯子,他们常说:"这些东西以后还能用。"他们的电脑和手机里全是没用的东西:旧短信或旧信息、无关的文件、版本太旧而无法运行的软件……更不用说上万张他们从来都不看的照片。他们常说这样做是为了"以防万一"。

我们或许可以猜到,这一切都是因为他们需要满足自己内心的空虚感以及填补情感和生活意义上的空缺。此外,他们所缺乏的自尊也可以通过物质占有的方式得到弥补。当然也可能是因为物质的积累与充盈能够在他们的周围形成一堵真实的围墙,从而拓宽他们对抗存在性焦虑的心理防御。事实上,在父母所代表的初始安全基地上,他们又划定了一个新的"安全基地"。不过,在新的安全基地,他们不再依恋人,而是依恋物品,因为这些物品可以如他们所愿,让他们感到安心。

最后,我还想补充一点:对于那些不愿接纳自己的成年人来说,拥有的越多,就越会让他们产生一种幻觉,即自认为处在发展、进步以及能力提升的动态过程之中。通过不断地追求各种新鲜事物,他们会觉得自己正在"成长",正在向前迈进,同时也找到了生活的意义。但是,我们必须明白,他们不过是为了"拥有"而牺牲了"存在"，从而让自己摆脱了各种棘手的生存问题。毕竟，相比于描述真实的自我，描述我们自己所拥有的事物总是会更容易些。

未解之谜：囤积卫生纸的现象

2020年注定是个多事之秋。新冠疫情让我们明白了自己有多害怕物资匮乏。由于担心物资短缺，人们纷纷涌向超市，开始储备食物。我们还注意到了一种奇怪的热潮：囤积卫生纸。这种现象在世界各国以及各种文化中都普遍存在，所以引起了人们的广泛关注。

人们在恐慌时往往会通过模仿来作出回应并进行"群体式"采购，一些专家认为这一点可以解释囤积卫生纸这种奇怪的现象。不过，这个解释并不完全令人满意，因为我们也无法得知为何卫生纸能够确保我们的生存。时至今日，囤积卫生纸的现象仍旧是一个未解之谜。

我们不妨大胆提出一个假设。在这个即将崩塌的世界中，象征着干净整洁的卫生纸会不会是人类文明的最后一个标志呢？这个问题应该由社会学家来回答。心理学家则可以从个体层面提出这样的假设：疫情带给我们的恐惧与不确定性会不会导致我们出现暂时性的退化现象呢？当整个社会陷入风雨飘摇或岌岌可危的境地时，个体也会出现心理崩溃的现象（受到死亡威胁）。个体的回应方式便是退化，即诉诸古老的心理防御机制——在此情况下就是逃避（不被他人控制）与放纵（不控制自己）。我们不禁会想到，这种退化现象可能再次激活了人们在小时候学习如厕时（5岁以前）的一些行为。

因此，囤积卫生纸的现象可以有很多种解释。例如，对于那些不愿接纳自己的成年人来说，卫生纸的短缺可能会让他们感到担忧，因为这要求他们必须做到克制自己或控制自己。当逃避与放纵的命令比以往任何时候都更加活跃时，这预示着将会发生不好的事情。不过，隔离措施已经大大降低了他们逃避的可能性，因此，他们只能通过一些具体的放纵行为（花钱、囤卫生纸等）来缓解他们隔离期间的焦虑情绪。

他们购买了好几大包卫生纸，像垒墙一样将它们堆在一起，这样的行为或许是他们在不知不觉中做出的一种努力。他们象征性地构筑了一道具有保护作用的围墙，目的在于重建自我或加强自我。

害怕思维反刍

思维陷入循环

害怕选择与害怕错失必然会导致人们出现思维反刍的现象,即他们会不停地纠结一些负面的想法。他们会回顾自己遇到的挫折以及自己的失败经历,他们向自己提出一些问题,但却从未得到令自己满意的答案。他们认为这些"不断重复"的想法具有侵入性和强迫性:这些想法似乎被强加在了他们的身上,以至于他们很难将这些想法赶出意识。此外,这些想法也占据了他们大部分的精力和注意力,尤其是在休息的时候,而且还常常会造成严重的失眠问题。维克多·雨果在他的诗歌《失眠》(选自《静观集》)中这样写道:"当世间万物都在沉睡时,想一想,这是多么孤独又恐怖的画面啊!"许多人都可以从这句诗里读出自己的故事……

思维反刍的特点不仅体现在思想的重复与乏味,还体现在思想的不可控性。这样的思考方式(反复思考)会让人们永远也无法做出决定或向前迈进。当然,有很多种原因可能会导致思维反刍的现象,比如(由事故、袭击、丧

^{亲等引发的)}心理创伤、挫折、冲突、普遍的焦虑情绪或抑郁症。这种现象主要会引起以下这些表现：后悔、抱怨、贬低自我等。在某些情况下，思维反刍可能是暂时性的，因为它既然会出现也就必然会消失；而在另一些情况下，思维反刍可能是持续性的。

虽然思维反刍会对人们的日常生活质量造成一定的影响，但是大家仍旧认为它是一种轻微的病症，而且与过度焦虑的倾向有关。为了克服思维反刍，人们通常会采用抗焦虑药物或抗抑郁药物进行治疗，同时辅以冥想或放松训练以及一些保持心情愉悦的活动。不过，这些治疗方法只能尽量让患者的注意力离开那些挥之不去的想法，多数方法都是人为干预，而且治疗效果也很短暂。造成这一点的原因有很多，其中最重要的便是患者无法改变他们的思维模式。患者通常在他人帮助自己走出思维循环的牢笼时，对所有人提出的观点进行反驳。

一位抑郁症患者对我说："我想对自己有信心，但是我知道自己一无是处。"

"可是你在生活中已经取得了一些成就。"

"我只是运气好，凑巧罢了。"

"你再试一次，你就知道自己是不是靠运气了……"

"不，我已经提前知道自己无法做到。我真的没有任何用处。"

我们可以看到，对话很快就会陷入一种死循环。当对方提出真正的解决办法时，患者往往会用"我不知道"或"我做不到"这样的回答来岔开话题。这一点足以让真心想要帮助他们的人望而却步。

意义的缺失与富余

我们必须注意到一个重要的事实：在融合式消除机制下，思维反刍往往会导致意义的缺失；而在英雄式全能机制下，则会导致意义的富余。

在融合式消除机制下，循坏思维会导致不断地出现同样的结果，同样的失败经历，甚至同样无法解决的问题。"我没有选择自己的职业，我也不知道它会将我带向何处"；"我不知道我爱不爱自己的妻子（或丈夫）"；"我不知道自己活在世上有什么用，我也不知道如何对待自己"。

我们清楚地知道，当这些问题被提出来时，我们很难找到问题的答案。甚至可能会出现事与愿违的情况：我们越是不惜一切代价去寻找意义，就越找不到意义。最后，留给我们的只有一个答案："我不知道。"由于我们不断地提出质疑，我们往往会产生一种痛苦的感受，即"意义缺失"造成的麻木感。因此，我们也暂时失去了选择的能力。

在英雄式全能机制下，我们有能力从一切事物中找到意义，以至于我们被大量各不相同的想法所淹没。那些尚未得到解决的想法在我们的头脑中形成了一种恶性循环，进而演变为一座环绕的迷宫。

例如，45岁的女演员蕾雅曾经习惯于把日常生活中的所有细节都视为重要的巧合。车牌号、数字、日期、手势、颜色或者街上听到的某句话：所有的事物（包括她做的梦）似乎都在向她发出信号，于是她会反复对这些信号进行分析。她时常发现那些最无关紧要的事件和她过去的生活之间存在着联系。有时，她会通过复杂的计算，说明某个车牌号如何让她想起父亲的出生日期，以及在咖啡馆里听到的某句话如何让她回忆起童年，从而产生奇怪的共鸣等等。随着时间的推移，蕾雅最终迷失在了自己构建的复杂世界之中。由于她不停地四处寻找意义，所以她觉得自己已经无路可走而且害怕自己随时会发疯。

二选一：反复思考还是果断抉择

我们是否有可能摆脱思维反刍呢？只要我们愿意这样做，答案当然是肯定的（我们会在下文中明白这一点）。那些喜欢反复思考的人常常会表现出拒绝的态度。他们习惯于拒绝他人提供的所有解决方案。长期积累的诊疗经验使我明白，他们会不自觉地拒绝这些解决方案，甚至害怕这些解决方案。为什么会这样呢？因为他们的思维模式与普通人正好相反。的确，普通人在遇到问题时，会尽力寻求解决方案并采取相应的行动。然而，那些喜欢反复思考的人却做出了相反的行为：当他们获得解决方案时，他们会寻找对应的问题。一位之前提及过的患者已经在家中隔离了好几个星期，他对我说："我在这间公寓里待得快要窒息了。"

"那就出门呼吸一下新鲜空气吧。"

"我出不去，我太胖了，所以我的腿有些疼。"

"那你就减减肥。"

"我已经很抑郁了，如果还不让我吃东西，那可怎么办呀！"

显然，这位患者并不想果断地做出决定。但是，如果有人陪着他的话，他还是愿意出门走动的，不过，他只会跟在别人身后，不会真正地走进"现实生活"。虽然原地打转的生活让他受尽折磨，但也可以让他感到安心。事实上，他的心理防御机制总是强迫他不断地"提出问题"，并期待别人（身边帮助自己的人）能够向他提供一些毫无用处的解决方案。这种人际关系的脚本既可以让他免于承担现实责任，也可以让他回避与他人的联系。

顺便提一句，那些喜欢生闷气的人也是一样的。

生闷气，归根结底不过是一种思维反刍的特殊形式。所有喜欢生闷气的人都明白这一点。当他们的自尊心受到伤害时，他们会把自己封闭起来，然后反复思考过去发生的事情，以至于他们不愿继续说话，也不愿向对方迈出任何一步。他们在脑海中翻来覆去地思考此次事件的导火索,但是他们并没有得到想要的结果。生闷气的时间因人而异,会持续数小时到数周不等。有时,这样的人会把周围人的日常生活变成真正的地狱模式,因为他们会暴露潜在的不满、无声的指责以及愤怒的神情。最令人惊讶的是,生闷气的人根本不知道如何重新打开自己并与他人建立联系。即使他们清楚地知道自己的反应过于夸张,他们也"回不去了"。他们仿佛已经沦为自己情绪的奴隶。

事实上,这种反应很容易让人联想到"不安全型依恋(回避型)"儿童的反应,当他们心情不快的时候,他们往往会装作漠不关心的样子。那些经常生闷气的成年人很可能曾经是一个缺乏安全感的孩子。在某些情况下,童年时期受到的创伤(遗弃、分离、冷漠对待)会被唤醒并在大脑中不断涌现,事实证明,理性思维和言语都无法阻止我们封闭自己以及让我们停止思考事件的导火索。和孩子一样,生闷气的人无法做出决定,他们希望有人可以来"找他们"——与他们建立联系。

孩子无法应对自己的挫败、恐惧以及愤怒,也无法从人际关系中获得足够的安全感,所以他们会诉诸一些更为有效的防御行为,如自我封闭、思维反刍、生闷气。但是,如果这些防御行为一直持续到成年,那将会给他们带来痛苦与毁灭。因此,想要摆脱这些防御行为,只有一个解决办法:真正地培养自己做决定的能力。

心理治疗:摆脱思维反刍

我们可以自由地改变吗?

如果我们不能改变自己的话,我们付出的努力有何意义呢?许多患者都在想,他们是否已经下定决心做真实的自己。他们经常告诉我:"反正,我就是这么个人。有什么能证明我可以自由地改变呢?"或许你已经猜到了,治疗失败或疗效不佳的原因在于他们的心理抵抗作用。事实上,有关自由改变的问题是完全合理化的,所以我们有必要对此加以阐释。

其实,有关自由改变的问题也是一个哲学的基本问题。近两千年以来,人们一直在争论这一问题,然而至今尚未有定论。如果我们抛开宗教信仰(上帝、命运等)不谈,那么在这个问题上存在两大对立阵营:决定论者与自由意志论者。决定论者否定人类的一切自由，而自由意志论者则认为我们还留有一些自由行动的余地。此处，我们不需要深入了解这一复杂争论的所有细节。我们只需要知道，决定论者认为，我们生活的世界完全是由物理规律所决定的，再者，人类也是由基因、教育以及个人经历所决定的。

然而，自由意志论者也有一些可靠的论据。此处我仅提及一个极具说服力的推论，这是由法国哲学家让-保罗·萨特在《存在与虚无》一书中提出的。他简要指出，如果我们是由上帝、无意识、物理规律所决定或控制的话，那么我们就不会感到焦虑。因为在某种程度上，焦虑意味着我们的意识具有一定的自由度。事实上，如果一切都"早已注定"的话，我们根本无须思考未来，更不用思考自由这一概念。

在阅读这一部分的过程中，你当然可以选择任何一个阵营：决定论者或自由意志论者。但是仔细一想，这似乎对于治疗没有什么太大的意义。因为我们可以很轻易地解决上述这个问题。我们只需要将自己的视角从哲学转向心理学和实用主义，然后向自己提出几个简单的问题：我可以改变自己身上任何微小的细节吗？我有见过成功改变的人吗？如果你见过这样的人（你必定见过），那么你也无须再问自己是否可以改变：答案当然是肯定的。总之，不管这一切是不是基本自由的结果，都已经不重要了。让哲学家们去琢磨这个未解之谜吧。我们继续往下看。

其实，我们都遵循着这样一条原则：之所以我们可以改变自己，是因为我们都是正在成形的生命。正如人本主义心理学家所说，我们都拥有一种"发展潜力"，而且这种潜力需要得到发挥。不过，这种观点常常会让人感到害怕。"我会变成另一个人吗？""这会不会太冒险呢？"答案当然是否定的。我们不会成为另一个人，恰恰相反：我们只会成为我们自己。我们会卸下自己的伪装，抽离自己所扮演的"角色"。一直以来，我们都将这个"角色"视为真实的自我，然而它不过是我们外表的防御。因此，我们必须牢记以下几条原则，这些原则已经在人本主义和存在主义心理治疗的长期试验中得到证实：

- 改变不存在任何危险；

- 你的改变只取决于你自己，与他人无关；
- 为了得到你想要的生活，你必须先做出改变，而不是保持现状；
- 无论你面临什么样的处境，你都有能力做出改变；
- 改变并非意味着成为另一个人，而是成为真实的自己。

在接受了这些原则之后，我们再来看看如何克服思维反刍与选择困难吧。

"问题-问题"式对话

在治疗过程中，如果患者经常出现思维反刍的现象，心理治疗师可能也会陷入思维循环，而且找不到解决办法。这样一来，虽然治疗仍在继续，但是患者却得不到任何建设性的意见。之所以会出现这种情况，有一个主要的原因：在面对所有重要的问题时，患者都会习惯性地回答"我不知道"。换句话说，正如我之前所解释的那样，他们总是用一个新的问题来反驳别人提出的解决方案。例如，当我询问他们的人生追求或者他们的感受与愿望时，他们总是会诚实地回答："我不知道。"

这就是为什么有时候我会建议心理治疗师使用"问题-问题"式对话与患者进行交流。这种对话方式类似于一种游戏，其原理非常简单。在任何情况下，患者都不能说"我不知道"，只能通过提问的方式与我对话，直到他们的回答产生实际意义为止。这样一来，他们便可以表达出自己的想法。以下是某次治疗过程中的对话节选（有所改动）。

心理医生：你认为自己现在的工作有什么意义呢？

患者：（沉默一分钟后）你认为有意义吗？

心理医生：你不认为有意义吗？

患者：好吧，即使这份工作真的有意义，我就能找到它的意义吗？

心理医生：为什么不能呢？

患者：那我该怎么找？

心理医生：你没有任何想法吗？

患者：或许我可以问问自己什么是意义，对吧？

心理医生：为什么不赶紧问问自己呢？

患者：我的工作会带我去向何处呢？是这个问题吗？

心理医生：你从来没想过这个问题吗？

患者：(思考许久后)虽然我因为这个问题而饱受折磨，但是我没办法谈论这个问题。

心理医生：所以你的工作让你觉得很痛苦。你能具体描述一下这种痛苦的感受吗？

这种对话方式当然不是为了无限延长所谓的"游戏"，而是为了让患者不断地对自己提出疑问，让他们意识到自己可以摆脱思维反刍并且处理未知的事物。在对话中，有关痛苦的话题突然出现，这让他们重新获得了一些感受，如愧疚感或焦虑感。在摸索这些感受的过程中，他们会逐渐发现真实的自我。不过，心理治疗师必须拥有一种特殊的能力来稳固这种联系。这样一来，患者便有可能跳出"思维反刍"的状态，去探索自己人生道路上的隐含意义。

不过，这样做还不够。因为我们还需要对思维反刍的心理根源作出解释。

思维反刍与安全基地

根据我的临床观察，我们有理由认为，思维反刍就相当于初始安全基地内的一种封闭形式。我们都知道，父母代表着安全基地（见第一章："安全基地"的概念）。然而，当生活（校园生活与职场生活）要求孩子逐渐远离自己的父母时，孩子便会在不知不觉中重新建立一个等效的安全基地。这个安全基地以无意识的家庭命令为中心，受到了各方面的限制。正如之前所说，这些命令的重点都在于忠诚于家庭——它们通常禁止孩子远离家庭成员，因为这样的行为暗含着"背叛"的意味，同时也会带来强烈的愧疚感。

我们都明白，思维反刍并不是一个简单的认知问题，也不是"凭空出现"的。它是害怕成长导致的合理且必然的结果。除此以外，造成思维反刍的原因还包括无法做出决定以及无法离开家庭。总而言之，陷入死循环的不只是他们的思维：他们的整个人生都在不停地原地打转，并且始终处于停滞不前的状态。

因此，"问题-问题"式对话不只是一种纯粹的推理训练，它还可以帮助患者脱离安全基地。为了理解这一点，让我们回到上文提及的那段对话。在对话中，我们发现患者最后承认自己因为工作而饱受折磨，但是却没办法谈论这一问题。事实证明，他的家庭里有一条规则：每个人都不应该抱怨或示弱。因此，他觉得谈论自己的痛苦是一件特别奇怪的事情。通过摆脱父母的既定观念，他开启了自己全新的视角。他终于有勇气谈论自己的痛苦，并给予一定的重视；他也敢于"背叛"家庭并违反各项命令，比如"永远不要抱怨"、"不要长大"。因此，我们发现，想要摆脱思维反刍，就必须停止整天围着父母转。

不过，这种做法本身就会让人感到焦虑。因为从各方面来看，它都像是孩子为了克服焦虑而接受的一项挑战：试图离开父母，然后独自一人去玩沙盘游戏。摆脱思维反刍和做出决定，其实都相当于故意让自己面对风险。因此，décider（决定）和risquer（冒险）这两个法语词拥有相近的拉丁语词源，也就不算是一种巧合了。两者分别源自拉丁语的de-caedere和resecare，与之相对应的法语是trancher和couper，都含有"切断"的意思。

风险、损失与挫折

非洲有这样一句谚语："如果前进一步是死，后退一步是亡，那么你为什么要后退呢？"

如果我们想要过上充实的生活，除了接受自己的脆弱，别无他法。思维反刍、逃避选择、难以前行，这些行为都是为了维护我们心中那个代表着父母的安全基地。这就是为什么存在必定意味着我们要切断缆绳、离开父母、独自漂泊。正如之前所说，任何选择和决定都与存在的风险有着根本的联系。法国哲学家安娜·杜弗勒芒特尔（Anne Dufourmantelle）[1]曾这样写道："生命是我们这些活着的人罔顾一切想要承担的风险。"1这句话以某种独特的方式一直萦绕在我们的耳边，因为我们得知安娜已于2017年的夏季不幸离世：她在营救几名落水儿童时不幸溺毙……

毕竟，正如一位患者所说，"之所以存在错误，是为了让我们有错可犯！"我们的确应该学会接受犯错，甚至承认我们必定会犯错的事实。这一切便是自信的根本所在：即便我们有时会犯错，我们也要足够尊重自己。我们并不完美，我们有自身的缺陷与不足，所以与

---

[1] 安娜·杜弗勒芒特尔（1964-2017），法国哲学家、精神分析学家。——译者注

自身不完美的状态作斗争是徒劳的。为什么我们不能像圣贤那样学会接受自己的缺陷呢?

我经常建议大家环顾一下自己的四周,然后挑出那些看似多余的物件,要么送人,要么丢弃:不会再读的书籍,不会再穿的衣服,乱七八糟的物品,以及电子设备里数不胜数的照片、邮件、短信。对很多人来说,养成不塞满橱柜和冰箱的习惯也是一个巨大的挑战。只要我们牢记自己时刻都有可能遭受损失,那么尝试节制的生活同样也是一种解脱。当我们无法立即得到自己想要的东西时,我们确实很容易感到失望,但是我们会像孩子一样气得直跺脚吗?孩子无法忍受损失与挫折,因为这一切会摧毁融合式消除与英雄式全能的防御机制。可是,如果孩子愿意接受长大,他们将会明白,自己的欲望其实并没有那么重要。朋友约会迟到,自己的饭菜不够丰盛,错过一笔大生意:这些情况有那么严重吗?会让我处于危险之中吗?难道我不能将挫折视为生活中必不可少的组成部分吗?

有些人经常抱怨,自己每天只会遇到各种各样的问题。天气是他们日常烦恼的来源,而交通堵塞、电脑故障以及所有可能打破平静生活的意外亦是如此。在工作中，无论我们要完成什么样的任务，我们都会不断地遇到诸如此类的状况：偶然事件、交通延误、会面取消、交货失败、对方不接电话等。我们当然会埋怨自己没有完成工作。只不过我们往往会拒绝承认一个重要的事实：无论我们从事什么职业，我们首先应当具备的一项能力便是学会处理那些妨碍工作的问题……倘若我们不接受这一点，我们将注定活在沮丧和愤怒之中。生活其实也是这样，不过幸运的是，等待我们的只是一连串需要解决的问题而已！我们能想象没有问题的生活将会是什么样吗？或许就像没有情节的故事和漫长的睡眠一样吧。

许多书评大师、伟大作家以及著名编剧都明白这一点。人生的每一道障碍都是一次展现自我与书写自身经历的机会；只要我们敢于面对、不再逃避，每一个问题都可以被视为意义生成的起点。

提问的艺术指南

在治疗过程中，出现"问题"其实并不罕见。真正的误解在于，人们认为这些"问题"会阻碍治疗过程。以下是患者可能会出现的"问题":他们很少说话;经常取消约会;总是姗姗来迟;忘记上一次治疗时说过的话;用激将法逼我立刻给出答案;始终保持怀疑的态度;有时不露声色地表现出咄咄逼人的架势;经常会误解,还会撒谎。

但是,如果我们仔细观察就会发现,这些"问题"实际上正好需要治疗。当然,所有心理医生都清楚地知道这一点。事实证明,相比于患者所讲述的故事细节,我认为他们的某些行为可能更加重要,比如他们很难清楚地表达思想或者他们的言行让我感到不自在。

在治疗过程中,最常见的"问题"便是沟通陷入循环。因此,我们有必要先了解一下提出恰当的问题需要具备哪些条件。以下是我们在提问时需要注意的一些原则。

● **停止逆向思维**。所有陷入思维反刍的人往往都习惯于"反向"思考。我们经常发现,他们并不是在寻找问题的解决方案,而是在寻找解决方案的问题。因此,我们首先要做的就是意识到自己的行为并接受解决方案可能带来的风险。"问题-问题"式对话可以帮助我们做到这一点,而且以书面形式展开这种对话方式会相对容易一些。

● **接受质疑**。毫无疑问,思维反刍是质疑的一种形式,但矛盾的是,它并没有给人们留下任何质疑的余地。虽然患者自称"因受到质疑而感到苦恼",但实际上他们却非常喜欢一成不变的事物,甚至不愿脱离这种固定的状态。因此,他们厌恶所有新奇的事物。然而,我们在上文中曾提及,虽然工作会带来痛苦的感受,但是它也可以让人们跳出"思维反刍"的状态。这样看来,新奇的事物或许可以带领患者走向外面的世界。我们要知道,只有当质疑能够带来新的要素,甚至新的不确定性以及相对应的风险时,质疑才能真正起到作用。默认思维反刍是一种质疑;而对于那些陷入思维反刍的人来说,他们应该真诚地考虑别人提出的想法,这样才能培养出开放的心态。

● **建立自己的"问题空间"**。所有的问题其实都是一个带有期望的请求,当我们被提问时,我们常常会抬头望向天花板。之所以会出现这种奇怪的条件反射,可能是因为儿时的我们认为,所有问题的答案都来自于高高在上的父母。因此，在任何情况下，我们的提问都包含着一种请求，我们可能会使用"怎么说呢？"等诸如此类的套话。我们经常这样自言自语，似乎我们有必要具化我们的提问，甚至让别人感受到或听到我们的提问。为了达成这一点，我们在现实中建立了一个问题空间，在这个地方，我们可以得到自己想要的回答。就这样，我们开始愿意与他人进行交流，也愿意以书面形式提出自己的疑问。我们只需要一个记事本就足够了。如果我们每天都能想到打开这个记事本，那么我们很快就可以得到自己想要的答案(新想法、新问题、新观点等)。

- **接受被自己的决定所改变**。从存在主义的视角来看，所有的问题，哪怕是最简单的问题（现在几点了?），也会有意识地提醒我，让我注意到自己的存在，进而面对自己存在于世的责任；所有的问题都代表着一种自由与自我创造。由此可见，任何开放式的答案都必将引起自我的转变，而人们必须提前接受这种转变。

正如本书第一章中所讲述的那样，此处提出的这些原则让我们明白了一点：克服自己的恐惧是为了转换自己的位置。然而，选择与决定、提问与回答只不过是这一目标的先决条件罢了。为了让自己在生活中不断前进，我们还必须克服另一种恐惧——害怕采取行动。

第六章

从害怕采取行动到拖延症

"如果我们沿着'等一等'这条路走下去,我们最终会到达一个名叫'永远无法完成'的地方。"

——塞内卡

害怕对自己负责

你是否害怕办理行政手续,害怕独自出门、辨别方向,害怕接打电话,害怕购物,害怕使用日常设备(如电脑、电视、洗衣机等)?

这些都是日常生活中很常见的事情,可有些人却害怕面对这些事情,他们想让别人替自己完成这些行为,甚至只有在万不得已的情况下,他们才会亲自出马。事实上,这些简单的任务不要求人们掌握非常专业的知识。因此,我们完全有能力完成这些任务,可是无形之中总有一项无意识的禁令在阻止我们这样做。

我们无法让自己行动起来的根源究竟是什么?是什么在阻碍我们完成这些简单的日常任务,甚至妨碍我们完成一些重要的人生规划,从而妨碍我们提高工作与生活质量?

行政手续恐惧症

我们经常开玩笑说，这个世界上只有两件事不可避免，那就是死亡和税收。对我们而言，成年以后最大的考验之一就是学会妥善处理自己的行政手续。事实上，所有与行动相关的恐惧几乎都来自于对行政手续的恐惧。有些患者常常会这样说："这对我来说太复杂、太无聊了。"因为他们很难直接看到行动的利益所在。

人们普遍厌恶所有的行政手续，但是没有人可以完全逃避这一切，或许是因为人们在青春期的时候没有提前接受关于行政手续的教育。许多年轻人甚至是中年人，都喜欢随意乱扔自己的社保报销单，忽视自己获得补助的权利。他们还会把各种账单丢在一旁，在遭到多次催缴并产生额外费用时才会缴纳账单。多年以后，我们终于决定把工资单、验血单、税单以及身份证明文件放在一个专门的文件夹里……如果这些东西依旧杂乱无章的话，我们很快便会不知所措，然后陷入无尽的烦恼。各种证件四处散落或被随意丢弃——需要的时候永远也找不到。因此，当我们面对各个行政部门时，我们觉得自己就像站在父母面前的孩子一样，总是担心做错事会被父母发现。事实证明，当我们收到一封来自国家财政部的信件时，我们必定会感到不寒而栗，哪怕我们是个遵纪守法的好公民！

对于那些患有"行政手续恐惧症"的人来说，最常见的解决办法就是委托他人办理自己的行政手续。不愿接纳自己的成年人大多都会选择这样做，他们信赖自己的父母或配偶，甚至让这些人来管理他们的银行账户。这样一来，他们便放弃了生活的自主权，甚至包括他们的隐私（因为在身边的人看来，他们没有任何秘密），同时他们也阻止自己真正地走进独立的成年人生活。他们对生活中的重要事情漠不关心，也不愿了解相关的行政资源及其获取途径（权利、补助、报销、培训等），所以他们失去了人生的方向，也摧毁了自己在其他方面采取行动的能力。

需要接受他人的管理

事实上，害怕采取行动会导致我们习惯性地将自己的行事权委托给他人。和年少时一样，我们一直都在他人的带领下，接受他人的管理：这或许是一种"青春期拖延症"的现象，即把母亲可以替我们做的事情推迟到明天……

这种不愿采取行动的想法其实来自于早期家庭命令中的各种禁忌："不要行动""不要做决定""不要离开"。因此，有些成年人在大多数情况下都需要别人的陪伴，比如进入公共场所、乘坐公共交通、参加聚会、采购生活用品、办理各种手续时等。别人的陪伴可以让他们感到安心，因为他们获得了别人的准许。此外，有些父母会对孩子说，"你不需要知道"，如果我们仔细分析这项命令，我们必定会发现，不愿接纳自己的成年人无法培养独立做事以及做决定的能力。离开自己的家庭就相当于违反父母的禁令，而且我们或多或少会觉得自己将身处险境。我们通常认为外面的世界充满危险，而不顾父母的禁令外出冒险会让我们受到相应的惩罚。一位患者对我说："当我想要离开的时候，我感到有一根隐形的弹力带在束缚着我。我好像忘记了什么事情，所以一直在原地打转。我必须用尽全力才能走出门去。"

如果你是这样的话，那么你很有可能找不到自己的人生方向，看不懂自己的人生地图，无法规划自己的人生路线。或许你常常会这样说："我只是没有方向感罢了！"仿佛这是你与生俱来的一个特性。然而，这种特殊的缺陷并不是基因造成的，也不是巧合。事实上，正是早期的家庭命令，阻碍我们学会定位自己的人生方向。它们让你的脑海中无法出现独自应对困境的想法。这一点说明了为什么你常常难以遵守时间，比如你总是无法按时赴约，要么迟到要么早到……当然，除非你可以想办法让别人（父母或配偶）叫你起床，开车送你上班，帮你安排约会等等。

如果你采用的是融合式消除的防御机制，那么你便可能会出现上述行为。如果你采用英雄式全能的防御机制，你也同样需要接受他人的管理。但是你会否认自己的这一需求，因为你觉得他人本就有义务陪在你身边。你可能有学识、有创造力、有梦想、有情绪，总而言之，你是一个极为特别的人，你应该得到他人的支持而不是接受他人的管理。你觉得自己"与众不同"的个性应该让你摆脱对物质生活的需求。

害怕接打电话

现如今，手机已经成为一种生活必需品，是我们大脑和身体的一种延伸物。不过，令人惊讶的是，害怕接打电话的人变得越来越多。大约25%的人因此受到不同程度的影响。他们极度害怕打扰别人，害怕说话口齿不清，害怕被嘲笑，害怕犯错，甚至害怕无话可说。对他们来说，任何与手机有关的事情做起来都不容易，比如接打电话、发送语音信息，甚至收听自己接到的语音信息。

社会学家和心理学家解释道，由于电子邮件和短信蓬勃发展，人们开始很少使用语音通话，因此也就不太清楚如何正确使用语音通话。此外，与书面语相比，直接讲话需要人们拥有更多的自发性，因为在缺乏非言语行为（体态、手势、表情）的情况下，想要让别人理解自己会更加困难。因此，有人提出了一些解决方法。你可以在网络或杂志上轻松地找到一些小技巧，让你不再害怕接打电话：你需要提前准备好自己的通话内容，然后观察别人是如何接打电话的，最后找一个没有人的地方独自练习接打电话。只可惜你很快就会意识到这些技巧并没有什么用处，因为它们的重点在于：想要克服对接打电话的恐惧，就必须……克服这种恐惧。于是，我们又一次需要从害怕成长以及孩子与父母之间的关系入手，来寻找这个问题的根源。

一位女患者向我解释道："我非常害怕预约医生或预约理发，所以我经常让老公替我打电话预约。如果我自己预约的话，我会发抖、冒汗。我的声音也会发生变化，不像平常一样，而是更尖锐、更像孩子一样。除此以外，我还经常会准备一张小纸条，上面写着我的姓名以及一些常用的套话。我好像没有办法自然地进行自我介绍。"

我们或许已经知道，自己身上残存的童年具有强大的影响力，它从我们的体内不断涌现并且将我们麻痹。其实，这位女患者还有一些别的要求，比如她会让自己的丈夫先进入公共场所，并代替自己与售货员进行沟通。总而言之，她表现出了很多融合式消除的特点，比如让别人掩护自己。她这样的做法显然可以表明，她一直想要当那个躲在父母身后的小女孩。

害怕开车

随着我们逐渐学会接打电话以及办理行政手续，我们还需要接受另一项可怕的考验，这项考验要求我们接受专业的培训，并且可以授予我们正式的成年人身份，它就是——驾照考试。除了掌握一种让自己远走高飞的工具，还有什么更能证明我们渴望独立的意愿呢？

对有些人来说，开车是一件极其令人焦虑的事情。许多年轻人在开车时会第一次出现焦虑的症状，尤其是在高速公路上开车。一位患者对我说："有一次在开车时，我的头脑突然一片空白，然后我就感觉很不舒服。我开始出现腹痛、冒汗、发抖的现象，而且感觉自己快要死了。于是，我不得不将车停靠在紧急停车带上并打开危险警报灯。我还必须找人来把我接走。从那以后，无论是在工作中、在街上还是在家里，我经常会出现焦虑发作的现象。"

当我们手握方向盘时，我们可能会有一种感觉，即开车和做人其实是一样的。如果坐在后排的孩子一生都听从大人的意志，从一个地方坐车到达另一个地方，而且根本不关心最终的目的地以及一路上发生的所有事情，那么驾驶座上的大人就必须承担起所有的责任，否则将会使自己和孩子的生命陷入危险。无论我们是否愿意，开车其实就是承认我们的自主权，只不过我们通常想要否认这一权利。我们的人生就像一条近乎笔直的高速公路，正在开车的我们既不能倒车，也不能随心所欲地下车，更不能原地打转，只能选择不断前进。这样一来，我们的心理防线便会开始动摇，内心的存在性焦虑也会再次涌现，这一切也就不足为奇了。

和害怕接打电话一样，克服开车恐惧的常用方法基本上都是关于如何让自己放松。这些方法显然用处不大，我们或许应该这样问问自己：我们之所以害怕采取行动，是因为我们只想做自己会做的事情吗？或者更确切地说，是因为我们拒绝学习新事物吗？

对学习与知识的恐惧

我曾经听到过这样一句话，"我买了一本有关拖延症的书，但是我却看不进去。"面对学习、知识、技能以及自我提升，我们抱有一种恐惧的心理和拒绝的态度，那么这种恐惧与拒绝的来源究竟是什么呢？

在很小的时候，孩子完全有可能会拒绝学习走路，即便在父母的强迫之下，他们也会很迟才愿意学习走路。在玩沙盘游戏的时候，有些腼腆的孩子很难离开父母去结交朋友。还有一些孩子不肯向前迈步，他们总是回头确认父母是否还站在原地。刚上一年级的孩子常常不知道如何遵守纪律、保持条理，他们无法理解大人对他们的期望。他们感到孤立无援。于是，他们想要尽力满足大人的期望，可是他们连一篇很简单的课文也背不下来，因为他们的记忆力尚未得到发展，注意力也无法集中。当我们发现有些孩子存在"阅读障碍"时，我们便草率地认为这是一种"脑功能障碍"。然而，他们的智商并不存在任何问题。事实上，在很多时候，孩子存在"阅读障碍"其实另有原因。倘若他们的状况能经由语言治疗得到改善，那么我们便会忽视他们因为不愿长大而产生的潜在焦虑。这些孩子认为学习是一项禁忌而且会带来危险。倘若我们不把这一点考虑在内，那么孩子的这些问题永远也得不到解决。

写作与拼写

"我的拼写能力极差,我也非常害怕写作,因为别人总想来评价我。"45岁的安妮-洛尔向我倾诉道。她在市场营销部工作,思维敏捷,拥有快速、准确的分析能力。她说的话非常具有说服力。总而言之,她非常了解自己的工作。然而,唯一让她烦心的是:写报告、写邮件、记笔记。她想方设法让自己尽量少做这些事情,或者让同事帮自己纠正错误,甚至将这些事情直接托付给同事。她解释道:"不得不说,小时候我经常因为作业的问题被扇耳光。在家里,我也经常被说成是废物。父亲总认为我的未来会很悲惨,母亲也总嘲笑我的'愚笨'。从小我就认为自己有阅读障碍。直到今天,我还是记不住所有的拼写规则,因为这件事,我已经产生了心理障碍。我对死记硬背这件事简直深恶痛绝。"

事实上,很少有人可以永远不犯拼写错误。很多著名作家都曾犯过一些非常严重的错误。在纪德(Gide)[1]、

---

[1] 纪德(1869-1951),法国作家,1947年诺贝尔文学奖得主。——译者注

塞利纳（Céline）[1] 等作家的作品中，有关"malgré que"（尽管）这一短语的错误层出不穷。众所周知，罗曼·加里（Romain Gary）[2] 对虚拟式[3]的用法不太了解，所以他会请求编辑帮他校对并在必要的地方使用虚拟式。伏尔泰在拼写"thermomètre"（温度计）这个单词时少写了一个字母"h"；巴尔扎克犯了很多拼写错误，比如把"clientèle"（顾客）写成"clientelle"，把"compassion"（同情）写成"compatissance"；加缪在不必要的地方多加了一个介词"à"；波德莱尔在写"pleuvoir"（下雨）的动词变位时多写了一个字母"e"；维克多·雨果写错了"dissoudre"（溶解）的动词变位；兰波（Rimbaud）[4] 在写"répondre"（回答）的动词变位时少写了一个字母"d"；司汤达的作品中也出现了一些语义重复的现象。

总而言之，我们不必纠结于自己的拼写错误。在此基础上，我们再次回顾安妮-洛尔的经历。她说，她的父母告诉她，"学习是一件痛苦的事情，你可能会手

---

[1] 塞利纳（1894-1961），法国作家，代表作《茫茫黑夜漫游》等。——译者注
[2] 罗曼·加里（1914-1980），法国外交官、小说家，两度获得龚古尔文学奖。——译者注
[3] 法语中动词有6种不同的语式。虚拟式是其中一种比较常见的语式。——译者注
[4] 兰波（1854-1891），19世纪法国著名诗人，早期象征主义诗歌的代表人物。——译者注

痛、肚子痛、心痛、头痛。"她向我解释，自己因为这句话而无法掌握拼写规则。然而我们注意到，她其实也在服从父母的命令。她以为自己在反抗父母，其实她是在通过拒绝学习来欺骗自己。这样一来，即便她事业有成，她也或多或少地符合父母为她设定的丑化了的形象。由此可见，安妮-洛尔的确在拒绝长大。

此外，这一切也经常发生在自认为是"英雄"的成年人身上。对于学校、教育、文化以及知识，他们抱有一种拒绝的态度。有时候为了表现出这种态度，他们会使用缩略词、行话、"短信语言"(比如用"t1kt"来表示"t'inquiète" [1])，甚至大量使用英语外来词。

需要指出的是，这种态度不一定是由于父母的恶意或忽视所造成的。很多好心的父母无意识地流露出对孩子的期望，这也可能会阻碍孩子的成长。

13岁的少年尼古拉就是一个很好的例子。除了拼写以外，尼古拉其他方面的成绩都非常不错。他没有

---

[1]　意思是"别担心"。——译者注

阅读障碍，而且他的口才也比一般人更厉害。他清楚所有的拼写规则，但是不知道为什么，他不会运用这些规则。

在回答我的问题时，尼古拉告诉我，他不能离开惊慌失措的母亲。尼古拉的母亲独自抚养他长大成人，他也时刻受到母亲的监督，既没有自由，也没有隐私。然而，尼古拉并没有抱怨这一切，他甚至认为和母亲"黏"在一起很正常。他的拼写问题正好起到了黏合剂的作用：尼古拉在不知不觉中告诉他的母亲，自己并没有完全长大；他所犯的拼写错误可以证明他对家庭的忠诚。他向他的母亲传递了这样的信息："妈妈，我不会和你分开的。"他们虽然都面临着存在性焦虑，但却感到非常安心。一旦尼古拉意识到自己可以脱离母亲时，他的拼写问题也就会随之消失。

拒绝学习与记忆

有人害怕写作，同样的，也有人害怕阅读，还有人一遇到常识相关问题就惊慌失措。为什么呢？他们说自己对此不感兴趣，其实是他们害怕能力不足，害怕说错话,或者他们宁愿相信自己是个"蠢货"。

为了应付那些看似更有学问的人,他们对时事、政治、文学等话题避而不谈。有时,他们会装出一副很有学问的样子。例如,有一位患者已经习惯了每晚阅读五页法国文学名著,他这样做不是出于对文学的热爱,而是为了记住一些"常识性"的概念。其他患者也说,他们从电视、广播以及互联网上获取信息,是为了在必要时可以和别人简单交谈一下有关内容。然而,几乎所有的患者都不愿深入探讨,他们通过转移话题、开玩笑或自嘲的方式来逃避那些难以回答的问题。正如之前所说,他们还可能选择把话语权交给对方,或者尽力赞同对方的观点……

如果你在这段描述中看到了自己的影子,那么你要知道,我们或多或少都会害怕学习,害怕缺乏知识或技能。每个人都有自己"不擅长"的领域:信息技术、手工、游泳、行政工作、安排假期、使用电子设备或家用电器、外语、烹饪、地理、骑自行车以及与常识有关的特定领域等。或许我们发自内心地认为自己没有任何"天赋"。然而,我们对自己撒了谎,我们实际上是在拒绝努力学习。

我们都知道，父母的命令会抑制孩子的好奇心、勇于探索的精神以及独立自主的能力。然而，幼稚的行为（融合式消除或英雄式全能）并不一定会导致拒绝学习的现象，有时恰好相反。例如，有些孩子（被虐待、被孤立、被溺爱、被父母化等）会把阅读当作情感上的避难所：他们长大以后会成为博学多才的爱书之人。但是，很少有人能够摆脱自己的童年恐惧。事实上，这种对阅读的兴趣最终只会适得其反，他们会更加封闭自我，更爱胡思乱想，对现实生活更加不感兴趣。总而言之，他们会像孩子一样拒绝接受自己的成年人身份。

拒绝学习必然会让我们陷入一种恶性循环，从而逐渐削弱我们的认知功能。倘若我们很少使用自己的记忆力和注意力，我们就会越来越记不住东西，也越来越难以集中注意力。我们开始用一种"简单粗暴"的方式来感知并思考这个世界。因此，那些不愿接纳自己的成年人，无论他们有多聪明，都只满足于做到大致了解。这使得他们必须保持着终身学习的姿态，而且必须得到他人的指导与支持，但是，他们从未真正进入学习的状态。他们总想把自己放在低人一等的位置，所以他们的记忆力也会随之减退。他们会抱怨自己读了很多书却什么也没记住，也会抱怨自己忘记了前一天所做的事情，还会抱怨自己经常遗失个人物品。然而，他们的记忆并不是真的出了问题，在玩电子游戏或参加其他娱乐活动时，他们的记忆力非常高效，这一点就是最好的证据。其实，他们记忆力差、无法集中注意力，这与智力问题无关，而与目前需要解决的另一个问题有关：防御性拒绝承诺。

害怕承诺

什么是承诺？

简单来说，承诺就是用诺言来约束自己，当然也有可能是签署一份合同。从字面意义来看，这意味着我们要"采取自愿、有效的行为"[1]，并朝着自己决定的方向不断努力。因为"决定"一词的拉丁语词源含有"切断"的意思，所以决定本身便是承诺的第一个步骤。

"承诺"一词在法语中也有军事方面的含义，即开始作战。当我们做出承诺时,我们到底在与什么作斗争呢?当然是我们的恐惧,因为我们害怕不能撤退。我会遵守自己的承诺吗?我鼓起勇气做出承诺,同时自愿放弃其他的可能性,我这样做到底对不对?

无论是赶赴约会、完成项目还是其他事情,很多人都自以为可以做到面面俱到。他们尽力让自己"保持中立",从来不选边站。因此,他们从未真正地采取行动,也从未走进成年人的生活。总之,他们就像走马观花的外国游客一样,度过了自己的一生。事实上,他们的确觉得成年人的世界既复杂又充满异域风情。例如,当他们办理行政手续时,他们需要一名"翻译",即向他们讲解办理流程的"当地人"。他们甚至懒得学习"当地语言"——对他们来说就是成人世界的语言,因为他们认为自己不过是成人世界的过客罢了。他们幻想有一天可以跟随彼得·潘 (Peter Pan)[1] 回到童年的故乡——"永无岛"。

---

[1] 长篇小说《彼得·潘》的主人公,出自苏格兰作家詹姆斯·马修·巴利笔下。——译者注

这不只是一个简单的比喻。事实上，当那些不愿接纳自己的成年人在参观成人世界时，他们或多或少相信自己最终会返回"家中"。因此，他们认为没有必要坚持做一些具有建设性意义的事情。他们一边等待回家，一边自娱自乐，所以他们喜欢昙花一现的事物。他们穿着的衣物常常会暴露他们游客的身份。他们的住处亦是如此，通常来说，他们在装修上很少花钱，所以家里没有任何个人装饰物，有时甚至堆满了从未打开过的纸箱。此外，他们会频繁地换工作，对任何可能带给他们安定感的事物保持警惕（逃避的命令），比如住房贷款、结婚计划、生育计划、职业规划……

他们需要很长时间才能意识到，他们永远无法回到童年的故乡。倘若他们执意想要回去，他们可能会"虚度"自己的人生。总有一天，他们会发现，身边的人都在不断前进，结婚生子、升职加薪，可是他们自己却停滞不前，整个人仿佛失去了活力。

缺乏活力

不愿接纳自己的成年人总是抱怨自己缺乏活力。

不过，这种疲惫感是真实存在的，而且和孩子的疲惫感是同一回事。当孩子不得不完成一件自己不感兴趣的事情时，他们事后都会出现疲惫的感觉。不得不说，"不要行动"的命令已经在他们身上根深蒂固，所以它才可以起到"断路器"的作用：正如我之前所说，这项命令可能会引发一连串的身心症状，甚至导致强烈的睡眠欲望。当我们感到无聊时，当我们的行动没有特定的动机时，或者当我们直面自己的存在性焦虑（死亡、孤独、无意义、责任）时，我们都会经历这样的状况。除此以外，当我们面对一些特定的人时，我们也会出现这种状况。许多患者告诉我，只要他们的父母（或其他人）在场，他们就会觉得自己失去了活力。的确，有些人（或有些状况）可以"消灭"我们的活力并激活我们身上的防御性"断路器"。在某种程度上，它会让我们处于"暂停"状态。

此外，他们还会出现各种功能障碍。当他们面对自己不感兴趣的事情时，他们会反应迟钝、动作缓慢、心情沉重。他们往往会将这些现象归咎于身体不适、激素紊乱或自身的健康问题（如低血压等）。他们晚上总是睡不着，所以养成了白天睡觉的习惯。马塞尔·普鲁斯特的情况和他们有些相像，他一生大多数时间都是在床上度过的，他总是一副病恹恹的样子，而且身体状况也十分糟糕。然而，这并没有妨碍他写出法国文学史上最伟大的作品。虽然他无法离开自己的床，但是他才华横溢！

和普鲁斯特一样，不愿接纳自己的成年人也希望能够在床上完成所有事情：吃饭、睡觉、工作、休息、娱乐以及做白日梦。诚然，除了床以外，世界上没有更合适的地方可以让他们回到那个已然逝去的"童年的故乡"。其实，回到床上就是回到儿时的摇篮。

或许你已经注意到，他们看起来非常活跃，根本不存在消极被动的状态。的确，采用英雄式全能机制的成年人总有使不完的力气。不过，精力充沛只是他们的一种表象。首先，他们的行为大多都是被动的，所以通常不具有任何建设性意义。其次，与他们外表呈现出来的特点相反，他们并非精力充沛，而是缺乏活力……这一点和患有多动症的孩子一样。我们都知道，多动症并不是由生理性亢奋引起的，而是因为大脑难以维持觉醒状态。这就是为什么我们不使用镇静剂而使用兴奋剂[1]来治疗多动症!

害怕失败与成功

有些人因为害怕失败而拒绝采取行动——这种做法本身就是一种失败。由于他们缺乏自尊与自信,所以任何想要采取行动的愿望都会就此破灭。还有些人虽然开始了自己的计划,但是他们害怕计划取得成功,因为这会使他们不得不面对现实责任与自主权。这样一来,害怕采取行动便会让他们养成两种(坏)习惯:不愿开始做事以及不愿把事做完。

难以开始做事

一位患者对我说:"如果我要做一件事情,我必须尽力做到完美,否则我不会去做。但是,我无法做到完

---

[1] 例如,服用利他林可以刺激大脑网状结构,这一结构的功能在于调节睡眠-觉醒周期。

美，所以我索性什么也不做。"对于那些仰望世界的成年人来说，一切事物似乎都无法逾越。"对我来说，每一件事情都像一座大山，哪怕是一些很小的事情，比如早上起床、收拾东西等。"

如果你也觉得自己难以开始做事，那么你很有可能对自己设定的目标抱有不切实际的幻想。完美主义总是伴随着认知扭曲以及限制性信念的出现。这一切从一开始便会阻碍人们实施具有建设性意义的行为。一位艺术专业的学生告诉我："我一直认为自己必须轻而易举地获得成功。但是我发现自己做不到，所以我感到特别失望，于是很快便放弃已经开始做的事情。"这样一来，你只能要么规划行动，要么不采取行动，要么暂停行动。你还会为此感到深深的愧疚。

其实你明白这一点，对吧？你有尚未开展的项目或尚未完成的工作，但是你无法行动。你总是在等待合适的时机，所以便将这些事情往后推。当时机成熟时，你却突然发现自己要完成更紧急的任务：打电话、购物、上网搜索、追剧、整理办公桌、筛查邮件……正如大家所说，你总爱拖延。换句话说，你总习惯于将事情延后处理。当然，你最终会后悔自己的做法，可是你又无法摆脱自己的拖延症。于是，你陷入了各种儿童般的逃避或自我破坏行为：例如，你做事总是不专心，无法全神贯注，所以你经常装模作样地采取行动；你做事也总是毛毛糙糙，所以最后的结果常常令人大失所望；你总在寻找行动的理想条件，因为你知道还缺少一件必不可少的事物（合适的设备、冷静的心态、可靠的交谈对象等）；你总是渴望顺利完成一些宏大的计划，然而这些计划根本无法实现，因此只能陷入瘫痪；你总是突然想到其他计划或者事情……

之所以你最终可以完成工作，唯一的原因就是工作的截止日期。换句话说，你只是出于义务而采取行动，并非真正地采取行动。况且，把事情拖到最后一刻只会让你陷入极度紧张且疲惫的状态——尤其是当这些事情与你的工作有关的时候。当然，有时候即便不存在义务与截止日期，你也会开始做事（比如个人改变、新任务、新活动）。可是，你又会遇到另一个麻烦：难以把事做完。

难以把事做完

对于采用融合式消除机制的成年人来说，害怕失败只不过是他们不愿采取行动时（下意识）找到的借口。"既然我可以确定这件事行不通，那我又何必费力去尝试呢？"其实这也相当于一项隐性命令：不要完成任何事情，即无所作为。由此，我们发现了一种与众不同的思维模式，它与成年人的思维模式正好相反，因为它习惯于为解决方案寻找问题。所有获得成功的希望之火都会因为注定失败的预言而被瞬间浇灭。

在成功之前，我们必须要经历很多次失败。然而，许多人都忘记了这一点。再者，这也是训练应当遵循的原则。哪怕是毕加索或波德莱尔，他们也得经历无数次失败才能创造出有价值的作品。为了写一部小说，福楼拜要花上五六年的时间，而且他还用了三个星期的时间来反复修改一个句子……

不愿接纳自己的成年人认为，所有的成功都会让他们陷入危险的境地，让他们进入成年人的状态，以及让他们直面自己的存在性焦虑。因此，他们想要获得成功，但他们希望以失败的模式来获得成功，这一切往往会导致他们在关键时刻拒绝采取行动。每个人都曾听过这样的故事：一个朋友正准备去参加高中毕业会考，到了学校门口又突然转身回家。此外，有些作家在学徒期时会将自己的文稿藏在抽屉的最里面，一直都不拿出来。有些人会拒绝工作中的任何升职机会，还有些人虽然天赋异禀，但却从不给自己设定目标，也不完成任何计划，就这样白白浪费了自己的才能。

从另一个层面来看，每个人其实都可以在日常生活中体会到"拒绝最后一步"的滋味。你一定有过这样的经历：你洗完了所有的碗，却唯独没有洗锅。你也一定放弃过自己曾经下定决心要做的事情，比如运动、减肥、健康饮食、学外语等。

为什么我们最初的动机与热情总会在某个令人讨厌的时刻无缘无故地消失呢？不管是采用融合式消除还是英雄式全能机制的成年人，他们的理想状态并非成功或失败，而是永久介于两者之间——他们只想将所有事情推迟，不想完成。在融合式消除的机制下，我们会在获得成功之前放弃一切，而在英雄式全能的机制下，我们会让自己相信，所有事情只需要说出来就可以实现。

尽管我们身上存在这些心理障碍,我们有时也会突然获得成功。可是,突如其来的成功会引出我们潜在的焦虑情绪。许多名人都为此付出了相应的代价。想想那些被酒精、毒品、抑郁以及自杀念头折磨的诗人、音乐家、作家。尽管他们在艺术或工作方面取得了卓越的成就,但是他们在人生的其他方面却表现得不够成熟。有时,他们也无法逃脱成功的束缚。

不过,哪怕我们不是名人,我们也会因为成功而感到不安。一次升职机会就足以引起我们的焦虑情绪,甚至让我们陷入抑郁。这清楚地表明,任何事情或计划的完成都会导致我们内心出现强烈的存在性不安。然而,面对这样的情况,我们只能诉诸融合式消除或英雄式全能的防御机制。

这就是为什么不愿接纳自己的成年人很难对自己的所作所为感到满意。他们总是拒绝这样做,而且只把注意力放在消极的事情上。他们不会注意到任何小小的成就。可以这么说:他们认为这些小成就不应该受到他们的关注。他们将积极的行为与事件视为危险的预兆,这一点不足为奇。简单来说,自我满足会唤醒存在意识，从而再次引起存在性焦虑。然而，拖延症并非无法改变。我们很快就会明白，存在主义心理治疗可以教会我们如何行动起来，也可以让我们接受自己，真正地成为人生的参与者。

心理治疗：行动起来

"舒适区"与"安全基地"

在接受存在主义心理治疗之前，我们有必要先澄清几个关键性概念，同时对一些固有的观念提出质疑——我们必须明确区分"舒适区"与"安全基地"这两个概念，不能将二者混为一谈。

"舒适区"指的是一种心理与生理空间，其中包含着让我们感到舒服的习惯和行为模式。在"舒适区"里，我们什么都懂，什么都会，(几乎)不需要努力探索与学习。这就是为什么有些学者也经常提到"最佳表现区"[2]的概念，他们这样描述："在'最佳表现区'里，我们自身的不确定性、缺陷以及脆弱会被降到最低，同时……我们也会觉得自己拥有了一定的控制力。"[3]

如果我们选择留在舒适区，我们就无须面对未知的事物，我们的焦虑程度也就可以维持在较低的水平。可是，我们也需要发展，需要面对不熟悉的技能和事物。如果我们尽力走出自己的舒适区，我们就会走进一些专家所说的"恐惧区"。在这里，我们会变得更没有自信，更焦虑，更害怕别人的目光。如果我们继续前进，就会来到"学习区"。由于掌握了新技能，我们又找回了自信。然后，我们继续努力向前，最终我们来到了"成长区"。在这里，所有的计划都能实现，我们也能找到生活的意义……

但是问题在于：虽然这些区域构成的整个体系很好地描述了我们在学习新事物时内心的变化，但是它并不能真正地解决拖延的问题。那些了解舒适区这一概念的人只会建议我们"盲目地做决定"或者"赶快行动起来"；他们谈论的内容基本上都是自己的优异成绩、卓越成就以及成功经历。他们认为"舒适"与"成功"是相互对立的，也就是说，我们难以行动的原因在于我们懒惰、懈怠以及被动。此外，他们还强调了动机与意志的重要性，但却并没有详细解释如何获取这种意志。当然，更令人生疑的是，舒适区这一概念其实回避了一些重要问题。为什么会有人难以探索、学习、做决定以及采取行动呢？如果我们在舒适区内感到非常自在，我们为什么还要走出舒适区呢？

"安全基地"的概念似乎可以更好地解释，为什么我们必须离开熟悉的事物以及为什么我们要培养独立做事的能力。想要让自己采取行动，我们只能离开安全基地（或者至少知道如何离开），甚至违反父母的命令。法国哲学家乔治·康吉莱姆（Georges Canguilhem）[1] 曾这样说道，成长意味着我们可以安然无恙地脱离社会规范。我们可以套用这个精辟的句子，将其改写为：成长意味着我们可以安然无恙地脱离安全基地。

我们都知道，成长的关键在于我们要对自己的存在负责。这意味着我们要接受独立与责任所带来的挑战：要么承担成年人的责任——这样一来，我们还有可

---

[1] 乔治·康吉莱姆（1904-1995），法国哲学家、科学史家、科学哲学家。——译者注

能过上自己满意的生活；要么停留在童年时虚幻的安全感中——这样一来，我们就要忍受生活的痛苦。因此，这不仅仅是为了提高我们的能力或展现我们的意志，而是为了让我们可以独自闯荡这个世界并且接受与他人分离。那么，我们应该怎么做呢？我们如何才能获得有助于实现这一切的意志呢？

幻想中的意志

我曾经在一次治疗过程中听到过这样的话，"虽然我有很强的意志，但是我也很容易失去自己的意志。"

我们都知道，这个有意思的悖论其实说明了我们的意志非常薄弱。我们经常会做出一些自己无法达成的决定。

可是，为什么大家总说意志是行动的关键呢？"如果你真的想得到某样东西，你就一定会得到它"；"只要你想做，你就一定可以做到"……很多人都想这样做，可是他们又觉得自己做不到。大家最熟悉的情况可能就是超重和饮食。"我想减肥，但是无论我多么努力，我都做不到，这究竟是怎么回事？"

我们可以提出这样一个假设：或许我们应该意识到人的意志本身就是非常薄弱的。倘若按照我们平常的想法，意志很可能……只是一种幻想。因为光靠意志，我们办不成任何事情。诚然，你总是可以"凭借强大的意志"通过无数次节食来达到减肥的效果，但是你很快又会胖回去，最终，你会因为减肥失败而感到内疚，因为一无所获而感到失望。这种意志不仅无法带来任何结果，而且还容易消失殆尽，那么它到底是什么呢？再者，那些知道如何采取行动以及如何达成目标的人，他们靠的究竟是什么呢？

　　任何完成行动或计划的意愿都需要借助一个"框架"，倘若没有这个"框架"，意愿便无法生效。为了理解这一点，我们举一个非常简单的例子：开车。如果你不会开车，找不到路线，不了解道路规则，甚至不关注前方发生的事情，那么无论你多想开车，你也哪儿都去不了。但是如果你有一个"框架"的话，那么情况就会完全不同。我们所说的"框架"，其实就是一整套原理、规则和标记。它可以让你意识到自己的责任，并且让你依靠外界的力量来采取行动。例如，节食就不是我们所说的"框架"：它只是一系列的禁忌事项。因此，它也不存在任何效力。至于道路规则，它就属于我们所说的"框架"：它可以为我们提供各种指示与方向，因此，我们都知道，开车不需要意志的努力，只需要个人的责任担当。

此时，如果你已经认为，舒适区的概念说明不了任何问题以及意志并非行动的正确途径，那么你一定想知道，这个可以帮助你行动起来的"框架"究竟是什么。我们之后再探讨这个问题，因为我们首先要说明一些导致拖延症的已知原因。

拖延症的已知根源

我们经常错误地认为，拖延的原因在于懒惰以及缺乏活力。然而，心理学家给出了更为复杂的解释：他们认为个人往往难以控制自己的情绪，所以无法对面前的事情做出合理的反应。这就是为什么我们经常建议拖延症患者给自己设定一个期限或者利用自己的情绪来达成目标。针对这种情况，有一个比较受欢迎的解决方法，即把喜欢的事情和不喜欢的事情一起做：比如锻炼腹肌时听自己喜欢的音乐，写无聊的报告时坐在露台上喝咖啡等等。

然而，这些小技巧还不足以解决问题，因为我们忽视了拖延症的深层原因。我们暂且认为，自身不成熟的表现导致我们无法采取行动。基于这一前提，存在主义心理学家提出了导致拖延症的两大因素，不过，我们常常忽略了这些因素。

1) **空间因素**。那些患有拖延症的成年人都受到了一项重要家庭命令——"家庭至上"的支配。这项命令以一种隐晦的方式禁止我们离开家庭并独自采取行动_{（上文已经阐述过这一点）}。因此，所有独立的行为其实都是在违反这项命令，这也必然会导致我们出现全身的不适感，并且不自觉地感到内疚。独立的行为会受到一系列预防措施的阻挠或制止：遗忘、缺乏活力、睡眠不足、身体不适、喜欢居家活动。这样一来，随着时间的推移，拖延症患者的活动空间会变得越来越狭窄。有时，他们只能待在家里，甚至只能待在床上_{（回到儿时的摇篮）}。对他们来说，离开家庭变得越来越困难。这样看来，拖延症患者确实很认真地服从了禁止离家与禁止采取行动的命令。

2) **时间因素**。出于同样的原因，患有拖延症的成年人生活在非常有限的时间范围内。因此，他们很难理解没有直接效果的行为能带来什么样的好处。他们觉得自己实在无法为未来而工作，因为在他们封闭的时间线里，当下才是一切的中心，"未来"是不存在的。对他们来说，拖到最后一刻才行动不仅更容易实现，也不容易让人失望——因为一行动就能看到效果，二者之间不存在延迟。

我们还注意到一点：拖延症与思维反刍在很多方面都存在相似之处。可以这么说，在这两种情况下，我们都觉得自己被困在了一个几乎封闭的世界里。不过，从本质上来说，这个世界显然就是他们的初始安全基地。因此，解决拖延症与思维反刍的方法就是脱离他们的初始安全基地。下面这个临床案例可以详细阐明这一点。通过玛丽昂的故事，我们可以详细了解在治疗过程以及日常生活中如何运用这一解决方法。

病例：玛丽昂——如何停止害怕采取行动

玛丽昂的人生经历

27岁的玛丽昂是一位年轻漂亮的女士。她患有很严重的焦虑症，她觉得"自己的生活失去了方向"，无法摆脱拖延症。一直以来，她都声称自己的童年没有留下任何美好的回忆。在她的描述中，她的父亲是个"不识字且有大男子主义倾向的控制狂"，而且经常对她使用"语言暴力"。只要他一回家，一切似乎都静止了。所有人都怕他，因为他喝了酒以后便会毫无预兆地大发雷霆。玛丽昂说："虽然他从来没有打过我，但是他说的话特别伤人。例如，他总是夸我长得漂亮，但我总觉得自己受到了侮辱，仿佛我只是一个他用来向朋友炫耀的战利品。他通常瞧不起女人，所以自然也瞧不起我。"

从小时候开始，玛丽昂便与母亲和两个姐姐形影不离。在她们的庇护下，玛丽昂得以长大成人。可是，她的母亲和两个姐姐也非常害怕父亲，所以只能顺从父亲的命令。父亲的收入相当不错，而且他的行为举止就像一位族长。为了控制妻子和女儿，他会按时给她们发钱，还会将他自己的观念强加给她们。"虽然有时候他会送我们礼物，但他却总说我们不配得到礼物。他真是个蛮不讲理的人。直到现在，我每周日还必须去父母家吃午饭。当然，还有我的姐姐、姐夫，所有人都必须去。如果我们要去乡下住几天的话，谁都别想独自一人出去散步。我们必须一起做所有的事情，仿佛我们是一个集体。"

玛丽昂曾经在大学就读法律专业，可是两年后她便辍学了。目前，她在街区内的一家小饭馆当服务员。就像她自己说的那样，她简直是在"糟践自己"。其余的时间，她都待在家里。她每天都会给母亲打电话，因为她觉得自己有义务保护母亲不受父亲的伤害。一直以来，她的感情生活总是不尽人意。她说自己只会遇到一些"有问题"的男人，要么"酗酒"，要么"出轨"，要么"自杀"。因此，她的感情之路跌宕起伏，每次恋爱都维持不了多长时间。分手之后，玛丽昂都会"特别沮丧"，她觉得自己完全被抛弃了。

玛丽昂是如何成为一个不愿接纳自己的成年人的呢？

玛丽昂从未停止当"父母的孩子"。作为一个被"父母化"的孩子，她无法离开自己的安全基地。尽管她非常生父亲的气，但她还是选择听从父亲的命令。此外，她也想方设法让自己和家人"黏"在一起。首先，她会尽力搞砸自己的感情生活——这一点在融合关系下的成年人身上十分常见。对他们来说，忠诚的婚姻生活往往暗含着对原生家庭的背叛。因此，玛丽昂会不自觉地在人群中寻找那些"有问题"的人，因为她知道自己和这些人无法建立长久的关系。事实上，她和自己的母亲才是一对真正的恋人。不得不说，玛丽昂从小便接受了"赡养"无能母亲的隐性使命。这一点对她来说非常重要，所以她似乎还不能接受有个男人闯入自己的生活，无论这个男人有多优秀。

玛丽昂顺从家庭的另一个表现就是，荒废自己美好的学业。当然，她并没有像两个姐姐一样成为家庭主妇（她们接受了父亲强加给她们的男权思想），但她也只满足于打一些零工，然而这并不能带给她梦想的未来。她也亲口承认，自己靠打工只能勉强度日。当她空闲的时候，她只会躺在床上睡觉、做白日梦或看电视剧——此时，她不用照顾酗酒或幼稚的男友。她说："我飞翔在人生的上空，但是我没有地方可以降落。我觉得自己被囚禁了。"其实，她从未真正离开原生家庭这个小窝，她现在居住的小公寓只不过是这个小窝的复制品罢了。她就像个小女孩一样，觉得只有在家里才是安全的，因为一出家门，别人的目光就会让她不知所措。在工作中，她可以开启"自动模式"来应对一切，除此以外，在任何情况下她都觉得自己从未找到属于自己的位置。她很想学习艺术，但她总是搁置这个希望渺茫的想法。更何况，虽然她头脑灵活，但是她仍然觉得自己是一个有缺陷的人，因为她的拼写能力很差。就这样，她继续保持着自己孩子的身份。

解放自己的行动力：一些具体事例

要摆脱拖延症，玛丽昂完全可以利用治疗过程中发现的一些手段。她清楚地知道每一种手段都代表着对家庭命令的违抗，而这些命令禁止她疏远或"飞离"原生家庭。

从现在开始，她首先要做出这样的改变：如果她不想参与家庭活动，就要学会主动拒绝；她还要学会接受自由与"分离"，而不是寻找表面上的借口来逃避。紧接着，她便会开始质疑自己与母亲的融合关系，她不再每天给自己的母亲打电话，也不愿在母亲面前做一个完完全全的"透明人"。我们都知道,离开安全基地意味着要与他人划清界限,要与身边的人,尤其是与父母保持"适当的距离"。

玛丽昂也可以在其他方面做出改变。例如,她糟糕的拼写能力不仅体现了她对成长的恐惧,还表明了她无法违抗父亲的命令。父亲是个"文盲",所以她(不自觉地)想让自己也成为"文盲",不想让自己超越父亲。然而现在,她特别希望可以"背叛"父亲,所以她决定克服自己写作的困难。在这一方面,有很多提高成年人写作能力的简易方法[4],可以让人快速取得进步。

虽然这些手段看似微不足道,但是玛丽昂已经可以在有限的世界里向外敞开自己。不过,她还可以通过改善对待他人的态度从而更多地敞开自己。对于那些不愿接纳自己的成年人来说,家庭以外的人通常都是一些"捉摸不定的陌生人",在这些人身上倾注情感是一件很危险的事情,因为他们可能会威胁到家庭融合。因此,必须远离这些家庭以外的人。玛丽昂的朋友经常说她有一张捉摸不透的面孔。她说:"我曾经和姐姐的朋友一起度过了充实的一天。她并不认识我,但是她最后告诉我，其实我比表面上看起来更好相处。不认识我的人常常会觉得我愁眉苦脸，不容易相处。"

我们必须明白，这张捉摸不透的面孔并不是一个无关紧要的细节。恰恰相反，它可以说明玛丽昂是如何一边与家人黏在一起，一边又与他人保持距离的。当她知道这一点后，她便选择放弃对原生家庭的情感投入，转而开始刻意关注其他人。然而，这不仅需要她时刻注意自己的面部表情，还会让她直面"背叛"家人甚至父母的愧疚感。不过，从长远来看，她会拥有比以往更为广阔的眼界；对她而言，时间与空间不再是封闭的。她的生活视角会对外开放且不再循环，这样一来，她便可以获得成年人的身份。她也会拥有采取行动的能力，因为她已经可以完全自觉地违反禁止离家的命令。

扭转思维的重要性

我们清楚地知道，任何行动都是为了接纳自己并且做自己人生的责任人——从词源上来说，"责任人"(l'auteur) 是指拥有权力且允许自己行动的人。我曾多次强调，那些不愿接纳自己的成年人，他们的思维通常是逆向的。他们会用一些问题来反对别人提出的解决方案；他们往往只会看到事物的消极面，同时先验地认为，无论自己做什么都注定会失败；他们会养成一种"神奇的思维"，换句话说，他们认为自己仅凭思想（或意志）就可以在物质世界中完成所有的事情；他们生活在一个有限的世界里，所以不愿让自己面向外界；他们更喜欢得过且过的日子，所以不愿接受自己的过去与未来；他们宁可屈从于他人的欲望，也不愿听从自己的内心；他们更愿意做出一些感性的反应，而非理性；他们认为在学习之前自己就应该掌握相应的知识或技能……他们经常这样想："当我的生活得到改善时，我便可以过自己的生活。"这是一个错误的逻辑，因为只有将这个逻辑反过来，才能帮助我们克服恐惧：正是因为我们从现在开始过自己的生活，我们才有机会让自己变得更好。

这或许就是著名的拉丁谚语"抓住现在"的真正含义吧。它要求我们活在当下——即关注自己的行动，关注实现行动的步骤与顺序。可是，我们却误以为这是让自己做白日梦。事实上，任何具有建设性意义的行动都需要有方法的指导，即需要一个"行动框架"(上文已经提及)。它的存在就像人的脊柱一样，可以极大地弥补意志的缺陷。然而，不愿接纳自己的成年人讨厌了解这些指导方法，他们通常会拒绝按部就班的做法，因为这对他们来说只会是一种限制。最终，他们必然会出现这样的行为：装反所有的家具，纠结食谱里的步骤，对着电脑抓自己的头发，甚至不再相信自己的行为。

倘若你明白这一切，你便会创建自己的"行动框架"，来指导生活中重要的方方面面(饮食、睡眠、工作、计划……)，并且尽可能地遵循简单的顺序与步骤。再者，如果你清楚地了解指导自己行动的原则与步骤，那么你就可以真正地做到"抓住现在"，换句话说，真正地成为自己生活的责任人……

然而，这一切的前提是我们要克服阻碍我们成长的第四大基本恐惧：害怕离别。

第四部分

害怕离别

为什么我们很难维持与他人的关系？

任何一种关系都是快乐与恐惧的源泉：交流的快乐、恋爱的快乐、交友的快乐、被尊重的快乐、成为他人的骄傲或偶像的快乐；被抛弃的恐惧、被背叛的恐惧、被操控的恐惧、被鄙视的恐惧、被拒绝的恐惧、被嘲笑的恐惧、被贬低的恐惧、被遗忘的恐惧……我们总是怀有各种困惑和疑问：我可以在多大程度上信任对方呢？大家对我有多真诚呢？我怎么会对同一个人既有喜欢的感觉，又有讨厌、嫉妒、怨恨的感觉呢？

我们意识到，与他人的关系是我们身心存在的根本条件。此外，我们还意识到，任何关系都无法永久存续。拉马丁（Lamartine）[1]曾这样写道："你们仅仅少了一个

---

[1] 拉马丁（1790-1869），法国19世纪第一位浪漫派抒情诗人。——译者注

人，整个世界就显得满目荒凉。"这句诗反映了一个普遍的观念：失去亲人会让我们痛不欲生。然而，亲人离世的悲痛最终都会被抚平，不过，前提是我们必须接受一个事实：即便他人离世，自我依然存在。

事实上，从我们出生的那一刻起，一项具有象征意义的悼念任务就已经开始，并且会贯穿我们的一生：一开始，孩子就要学会面对父母的暂时缺席——他们开始怀念父母永远陪伴在身边的感觉以及与父母的融合关系。他们还要学会将他人视为与自己分离的外在个体，正因如此，他们成功地将自己塑造为一个相对独立存在的个体……可是，有些人却做不到这一点，因为他们仍然无法接受自己与他人之间存在明确的界限，而这导致他们在生活中困难重重。

第七章

与自己的关系

你想知道我有哪些进步。

我开始成为自己的朋友。

——罗德岛的赫卡托[1]

害怕孤独

你知道"住院症"吗?这种综合征有助于我们理解社会关系对人的重要意义。勒内·斯皮茨观察孤儿院的婴儿(0至2岁)后,发现他们存在情感缺失的现象。针对这些被剥夺情感联结的孩子,斯皮茨将他们走向抑郁和死亡的过程分为了四个阶段:

1)与父母分离的孩子会反抗、叫喊、哭泣,甚至要求父母的陪伴;

2)他们不再反抗,只会不停地呻吟,同时他们的体重开始下降,身体发育逐渐停止;

3)他们开始封闭自己,无法忍受与他人接触,陷入低迷的情绪之中;

4)他们因为日渐衰弱而最终死亡,脸上还挂着不安的神情。

有些成年人虽然没有经历过上面这四个阶段，但是也体会过小时候缺爱的滋味。因此，他们形成了一种不安全的依恋类型，同时还保留了一些害怕被抛弃的童年特征。对他们而言，内心的孤独感与身心的死亡有着密切的关系，只不过他们并没有意识到这一点。的确，人无法脱离社会关系。况且，我们还知道，一个人如果与世隔绝数月，便会出现幻觉甚至妄想症。可是，在正常情况下，作为成年人的我们按理说可以忍受那些孤独的时刻。然而，为什么有些人却做不到呢？

孤独与"本体论意义上的孤独"

首先，我们有必要花时间来区分孤独与"本体论意义上的孤独"。

孤独是指孤身一人且无人交流的状态。然而，"本体论意义上的孤独"则与之完全不同：即便我们被人群包围，我们也可能会感到孤独。因此，这是一种"精神层面的孤独"，它表明我们清楚地知道自己与他人的意识无法进行融合。虽然我们可以与他人进行沟通，但是我们知道人与人之间在意识层面存在不可逾越的鸿沟。

例如，当你上床睡觉时，你会感受到一丝孤独，因为你担心睡眠会切断你与他人的联系。对此，存在主义心理学家进行了简要的总结：你独自一人来到这个世上，然后又独自一人离开。

"本体论意义上的孤独"之所以比一般的孤独更让人感到害怕，是因为它属于人类自身的命运，我们根本无法改变。它也是一种我们无法消弭的限制。我们无法忍受它，就像无法忍受死亡（寿命的限制）或无意义的世界（认知能力的限制）。

然而，我们常常认为，通过尽力维持自己与他人的关系，我们可以摆脱这种孤独。一位名叫芬妮的患者告诉我："如果我独自一人的话，我会感到不知所措。当有人离开房间或关上房门时，我总有一种奇怪的感觉，仿佛自己被抛弃了。可当我听见有人回来时，我又会感到非常快乐。每当我和男友一起待在家里时，我都会一直跟着他，他去哪个房间，我就去哪个房间……"

关于这一点，存在主义精神病学家欧文·亚隆曾这样写道："所有人都想努力成为一个独立的个体，可为了实现这一点，所有人都必须忍受可怕的孤独，这就是人类身上'普遍存在的(心理)冲突'。否认是所有人在面对这种冲突时最常用的应对方法：他们营造出一种与他人融合的错觉，似乎是在声明：'我不是独自一人，我是他人的一部分。'这样一来，他们便弱化了自我的边界，进而超越个体成为他人或群体的一部分。"[2]

在某种程度上，芬妮仍旧像个孩子一样，她无法忍受父母不在身边，而且尽力认为自己是"他人的一部分"。因此，28岁的她从未离开过自己的初始安全基地。她觉得独自一人是一种不正常的状态，而且她认为自己做不到独自一人。她说："当我身边空无一人的时候，我什么也不是。我既不知道自己是谁，也不知道自己该做什么。我感到特别焦虑。"在芬妮的孤独时刻，她触及到了"本体论意义上的孤独"：她认为自己失去了价值，失去了身份认同，失去了生活的冲劲，失去了人生的规划。她觉得自己正在消失，而全人类似乎也受到了灭亡的威胁。她就像孩子一样，需要他人来确保自己的存在。

通过前面的论述，我们已经明白，这一切都关乎于对成长的恐惧。它阻碍我们的内心去接受自己独立生活的理由，或者说阻碍我们去培养靠自己存活于世的能力。不得不说，芬妮其实一直都和父母形影不离地生活在一起，而她的父母也以一种含蓄的方式极力阻止她长大成人并离开家庭。这位年轻的女士虽然不久前刚住进自己的单身公寓，但是在父母的影响下，她已经在考虑搬离公寓回到父母家中："我的住处并不是我的家，因为在我的头脑里，父母的住处才是我的家。"

在融合式消除的机制下，芬妮会想方设法地不让自己一个人待在家里，她会邀请很多朋友来参加聚会，晚上的时候经常外出，花很多时间和朋友打电话，甚至在聊天的过程中入睡。不出所料，她经常睡得很晚，而且整夜都开着灯，放着背景音乐。然而有时候，她也需要独处。于是，她将自己封闭起来并和所有人都保持距离。这一切虽然看似矛盾，但其实非常合乎逻辑。因为在某些情况下，芬妮会将其他人（朋友或熟人）视为"分离器"或"第三方力量"，而这些人往往会将她从初始的安全基地（父母）中抽离出来。

独立的错觉

在英雄式全能的机制下，害怕分离与被抛弃的成年人会坚信自己"不需要任何人"。他们可能会向所有人宣告:"我就算死也不会承认自己需要别人或依赖别人!"他们常常还会躲进自己的象牙塔来保护自己,并且抱着既坚持又怀疑的态度来表明自己对孤独的热爱、对亲密关系的抗拒以及对滥交的厌恶。不过与此同时,他们也会尽力维持那些以自我为中心的社交活动。这样一来,他们便会迷失在自我打造的虚假独立人设中,他们因为害怕分离与被抛弃而只能默默忍受这一切。

无论是在融合式消除还是英雄式全能的机制下,虽然人们的行为不尽相同,但其背后的根本问题却如出一辙:无法信任与他人的关系。这个根本问题会促使人们竭尽全力去吸引他人,让对方喜欢我们,哪怕只是和我们保持一种肤浅的关系,哪怕我们需要牺牲自己成全他人。

不愿接纳自己的成年人因为害怕孤独而让自己与世隔绝。萨特曾这样讽刺地写道:"如果你独处时感到寂寞,这说明你没有和自己成为好朋友。"这些成年人甚至不认为他们拥有"与自己融洽相处"的能力。由此,孤独向他们提出了一个有关自我的问题:对自己来说,我究竟是谁?

害怕自己的感受与情绪

情绪紊乱

我们很难知道究竟是谁在控制我们！固执的情绪总是会左右我们的生活，占据我们的头脑，不断地让我们陷入混乱，可我们却不知道这一切背后的原因。有些情绪很难摆脱，会一直潜藏在我们的内心深处，比如愤怒、怨恨、羞愧、悲伤。通常来说，这些情绪从人们小时候开始就已经存在，它们会与现有的情绪叠加在一起（"模仿效应"）。事实上，我们在生活中一直都存在情绪紊乱的问题。正因如此，我们的内心才会一直保有自己的童年。

其实，情绪是与生俱来的，它从我们出生的那一刻起就已经存在，而且不会随着时间、成长以及人生经历而改变。与你只有几个月大的时候相比，你现在的笑容没有发生任何改变；与你小时候相比，你如今悲伤或快乐的模样也没有任何区别。我们身上能够不断发生改变的是我们有意识的思想以及推理信息的方法。基于这一点，我们或许能够更好地理解孩子与大人的身份冲突。我们在此探讨这一身份冲突，是为了让（与生俱来且不会改变的)情绪和(有意识且不断变化的)思想能够达成一致。

如果非要给情绪下定义的话，它首先应该是一种身体反应，其次，它还应该是一种刻在人类基因中的反应。许多哲学家都曾指出，我们有时无法明确区分自己内心的情绪，所以只能根据周围发生的事情来理解自己的情绪。的确，所有的情绪几乎都有相同的表现形式。倘若我这样向你描述一个虚构的人物——他在颤抖、脸红、哭泣，甚至用力呼吸、大喊大叫……你可能推断不出他被什么情绪淹没：他可能非常愉快，也可能非常愤怒，还可能非常悲伤。

除了这些难点以外，我们还要注意到一个事实：心理学界对于情绪的定义或分类并没有形成统一的观点。按照亚里士多德的说法，人类有6种"基本"情绪，即快乐、悲伤、愤怒、恐惧、惊讶、厌恶。然而现如今，一些研究人员声称，其实人类还有十几种情绪，如仰慕、享受、无聊、怀旧、舒心……还有些人称[3]，情绪的数量可能高达27种，甚至有可能更多……难怪我们经常会感觉不知道如何解读自己，仿佛与自己内心的重要部分失去联结。

我的感受属于自己吗?

在治疗过程中,菲奥娜告诉我,她担心自己并非真的爱她的丈夫。她说:"我爱他,但有时我也在想自己是不是弄错了。"她并不信任自己,而且担心治疗会暴露出她对自己隐瞒的感受与情绪。和许多人一样,她觉得自己受到了情绪的影响,甚至觉得这些情绪不属于自己。她还觉得自己成为了情绪或感受的傀儡,她的思想亦是如此,不过是别人思想的倒影罢了。她称:"我的言行举止和别人一模一样。"因此,作为自己生活的旁观者,她随时都会面临生活与陌生人为她准备的各种威胁。当然,天气也会给她带来威胁。她这样描述自己的"气象过敏症":"如果是阴天,我会感到悲伤;如果是晴天,我会感到快乐。我的心情总是容易受到外界的颜色、光线以及人的影响。"她和孩子一样,对外界环境极其敏感,而且无法用"内心的天气"来对抗外界环境。

至于皮埃尔,他将自己描述为"情绪残疾人"。他说:"在我家里,所有人都不可以直接表达自己的情绪。因此,我们经常使用幽默或嘲弄的口吻来伪装自己的情绪。但凡我向别人表达自己的感受,我的肚子和喉咙就会感到特别难受……仿佛自己做了错事。"在皮埃尔的家庭里,所有人都必须时刻保持坚强。他们认为情绪是肮脏的,甚至不该出现;他们没有见过真正的情绪,只见过"情绪"这个名词。皮埃尔难以识别并命名自己的情绪或感受。他患有心理学上所谓的"述情障碍"。"我必须咽下自己所有的感受,并摆出一副若无其事的样子。但其实我知道,自己心里被压抑的情绪是我的问题和焦虑的根源……"他还患有一种慢性疲劳,这并不少见。这种疲劳可以帮助他掩盖自己所有的感受,最终通过退缩的方式来达到自我孤立的效果。事实上,当我们切断与自己的联系时,我们也切断了与他人的联系。

与皮埃尔相反,艾米莉渴望与他人接触。她说:"我受困于自己的同理心。我总认为别人的感受更加重要,自己的感受算不了什么。所以,我做事总是小心翼翼。"此外,艾米莉还受困于融合式的家庭关系,她无法接纳自己固有的感受,因为她所谓的同理心并非真正的同理心。或许我们应该将其称为敏感:虽然她总是担心别人,但其实她无法识别并理解别人的感受。因此,她只能不断地提出假设再给出建议,只能设想一些与他们相关的消极情境。他们是快乐、满足、幸福还是悲伤呢？他们是否发生了意外或生病呢？就这样，她生活在一个想象中的世界里，而这一切也导致她总是质疑自己被爱的能力。

对爱和依恋的恐惧

说不出"我爱你"

"我爱你"是多么珍贵又重要的表达啊！查理已经结婚并育有两个孩子，但是他从未对任何人说过"我爱你"。他顶多只会用一句简单的"我也是"来回复别人说的"我爱你"。我们有必要知道，查理从小与母亲相依为命，他的母亲非常"冷漠"，而他的父亲很早就已经去世（当时查理才6岁）。直到今天，他仍然觉得说"我爱你"是一件非常荒唐的事情。或许他并没有理解这三个字的真正含义。他回复道："不，其实我非常理解。有时候我会情绪激动，但只有当我独自一人或听到某些歌曲时，我才会这样。然后，我就开始想哭，因为我无法对自己的亲人表达爱意，我对自己特别失望。"

几乎每个人的内心深处都有一首歌或一部电影，每当我们听到这首歌或看到这部电影时，我们的眼泪便会夺眶而出。事实上，这样的歌曲或电影是心理治疗过程中一个非常有用的要素。例如，当查理看到电影《雄狮萨姆》时，他会泪流满面。这是一部由克劳德·勒鲁什 (Claude Lelouch) [1] 执导的启蒙电影。在影片中，一位年轻人 (里夏尔·安科尼纳饰演) 在一位老练的商人 (让-保罗·贝尔蒙多饰演) 的帮助下完成了自己的蜕变与成长。查理做梦都想拥有一位像影片中的商人一样的父亲……当另一位患者听到歌曲《来吧，来吧》时，也不禁泪流满面。这是一首由玛丽·拉福莱 (Marie Laforêt) [2] 演唱的歌曲。患者的母亲非常喜欢这首歌，而她自己在7岁以前也只听过这首歌。还有一位患者向我提及了电影《放牛班的春天》，因为影片中的孩子最终受到了大家的重视 (然而，患者在小时候并没有获得如此待遇)。类似的情况还有很多。可是，无论哪种情况，长期被压抑的情绪都会喷涌而出。虽然这些情绪可能

---

[1]　克劳德·勒鲁什（1937-），法国导演、制片人、编剧、摄影师。——译者注
[2]　玛丽·拉福莱（1939-2019），法国歌手、作曲家、演员。——译者注

带有怀旧或伤感,甚至悲痛或懊恼的色彩,但是我们却因此而感到如释重负。释放情绪不仅有利于我们的身心健康,还可以让我们得到解脱。因此,对于那些想要探索自我的人来说,他们时不时地会直面自己的情绪,从而体会到那种敞开自我以及触及自我心灵深处的感觉……

让我们回到最开始的那个问题——说不出"我爱你"。很多人认为,出现这个问题是因为他们害怕信任自己与他人。一位患者告诉我:"我做事总是小心翼翼。"另一位患者说:"我害怕犯错,也害怕被人嘲笑。"还有一位患者说:"或许我没有爱与被爱的能力吧。"

用这样的理由来解释其他人际关系,我们尚且还能理解,可用来解释家庭关系,实在令人费解。当着伴侣或孩子的面说"我爱你"这件事,怎么会让那么多人感到不舒服呢?

大部分人回应道:他们的爱"不需要表达出来"。或许他们的父母也是这样,他们的家庭内部禁止表达情感。可即便如此,这种现象并不能解释所有人的情况。有些人虽然生活在一个充满爱的家庭中,但是他们仍旧无法对原生家庭以外的人说"我爱你"。在我看来，有三种原因可以解释这样的情况。

对家庭忠诚：倘若不愿接纳自己的成年人仍旧忠于家庭，那么他们会认为，将情感投放在家庭以外的人身上就相当于背叛自己的家庭。

幼稚的身份定位：他们因为害怕成长以及表达自己，所以他们自认为不如那些生活中遇到的成年人。因此，他们总觉得说"我爱你"是一件羞愧的事情。更何况他们并不爱自己。

对其他异性的困惑：由于受到内心童年部分的控制，不愿接纳自己的成年人无法完全了解一个人的本质特征。他们爱上一个人的前提条件是，这个人得到了应有的认可，这意味着他们必须承认这个人的独特性。这样一来，他们才可以脱离融合式家庭去过独立的生活。然而事实上，有些人并不理解爱的含义，更不理解"彼此相爱"意味着什么。他们认为，爱必须通过身体和手势表达出来，所以爱应该是肉眼可见的。直到有一天，当他们开始接受成长时，他们才会意识到爱的"另一个维度"，即爱的全新含义，而他们的心仿佛也就此敞开。

他们发现自己在此之前只知道如何依恋他人，却不知道如何去爱。

担心永远遇不到"对的人"

很多人认为，那个"对的人"，或者说自己"命中注定"的人一定就生活在世界的某个角落。在浪漫的爱情电影中，命运会将两个相爱的人推向彼此。因而，那些不愿接纳自己的成年人往往会沉浸在与电影情节相似的幻想之中。对于这样的成年人来说，最理想的方式就是让别人来发现自己，或者说"挑选"自己。因此，自认为是英雄的他们甚至会有这样的幻想：有一天，某个组织、成员国、秘密机构或主流媒体会派人来到他们家中，并向世人展示他们在智力、艺术、体育或其他方面的天赋。可以看出，这种幻想有其根源——小时候的自己渴望被父母选择，而长大以后则渴望被所爱之人选择。

广告宣传和市场营销都在暗示我们，世界上既不存在"对的人"，也不存在"幸福的权利"；没有人可以像产品一样被我们随时利用，同时又完美契合我们的使用习惯。那些不愿接纳自己的成年人可能会说："给我一个对的人，我会让你知道我有爱人的能力。"有时他们也可能会这样说："给我些钱，我会让你知道我可以成功。"他们还可能会这样说："让我出名，我会让你知道我的才华。"他们的思维完全是颠倒的。

事实上，上述的因果关系应该完全反过来，换句话说，我们要努力拥有爱人的能力（首先要努力爱自己），并且在他人面前接受自己成年人的身份。这也意味着我们要创造或建立"良好的关系"，而不是寻找那个对的人。因为伴侣之间的默契正是来自于两人朝夕相处的时光——按理说，这种默契事先并不存在。

破坏自己的感情生活

上文所描述的一切便是我们的问题所在。对于不愿接纳自己的成年人来说，没有什么比耐心建立一段关系并做出可信的承诺更让人感到害怕。更何况，爱情的魅力必然会让所有人都退化到孩子的状态：言语紊乱、心跳加速、双手颤抖、思绪混乱……面对喜欢的人，我们会觉得自己"特别渺小"。于是，我们临时激活了自己孩子的身份。这样一来，双方的关系显然是不平等的。不过，有些人可以很快地恢复自己原来的状态，而有些人却做不到，他们宁愿选择退缩。48岁的艾芙莉娜解释道："当我遇到心仪的男人时，我要做的第一件事，就是设想我们之间的关系会如何惨淡收场……"

艾芙莉娜是一位优雅美丽的女士，她充满活力且光彩照人。她经常抱怨自己的每一段感情都很短暂且令人失望。但事实上，在每一段感情开始的时候，她都会想尽办法来破坏这段关系。她就像个少女一样，笑着大声说话，用嘲弄的口吻谈论一切事物。她还经常拿自己来玩笑。于是一直以来，别人都只觉得她会是一个很好的"朋友"。她无法认真对待感情关系。她说："当我第一次和男人共进晚餐时，我觉得自己好像在玩一种吃饭游戏。我看着玩游戏的自己，感觉并不真实。我就像在扮演一个大人，甚至觉得自己有些可笑。"就这样，艾芙莉娜的每一段感情都在朝着反方向前进，她的逃避与疏远导致她的每一段关系最终都只能草草结束。

在长达几个月的治疗过后，艾芙莉娜带着灿烂的笑容来找我。她惊呼道："太好了，我终于遇到一个真正的男人了！"以前她遇到的男人总是"有些腼腆"或带有"女性气质"。更确切地说,这些男人的身上都没脱离童年。不过这一次,她并没有退缩,因为她遇到了一个完全接纳自我的成年男性。她一边说着,一边开始哭泣:"他告诉我,他觉得我很有女人味,这是我第一次得到这样的赞美。以前,所有男人都觉得我不愿接受这种女性气质,因为他们发现我对此感到非常拘束。这一次我接受了自己的女性气质,所有的一切也随之发生了改变。"

这样看来,与其说艾芙莉娜遇到了一个"真正的男人",倒不如说她接受了自己内心的那个"真正的女人",即成年人的身份。其实,对于那些不愿接纳自己的成年人来说,这便是他们的隐性追求。

40岁的米歇尔也是同样的状况。他害怕自己成年人的身份,他告诉我:"当我走进一段关系时,我会告诉自己,我没法活着走出这段关系。这种想法简直太奇怪了。"他也经常会不自觉地破坏自己所有的关系。"我喜欢的女人要么受过伤害,要么伤害过我,要么穷困潦倒,要么需要帮助或拯救。我意识到,我为她们所做的事情也正好是我为妈妈所做的事情:我想试图挽救她们。"

存在主义心理学对此有何看法呢？倘若浪漫爱情会使人出现退化现象或变得"渺小"，那么米歇尔只需要找到比自己更渺小的伴侣便可以规避这个问题。于是，他们成为了一对"像孩子一样的伴侣"，这是一段没有未来且注定以失败告终的关系。"面对那些无法挽救的女人，我找到了自己的价值，缓解了内心受到的伤害，觉得自己更有能力了。这种前后反差让我觉得很舒服。我的恐惧也随之减少了。但与此同时，我却一事无成。"

当然，人们还有许多其他的自我破坏行为，其中一种最常见的就是挑选令父母与家族成员满意的伴侣。然而，如果父母与我们维持着一种融合关系的话，他们很可能永远都不会满意，因为他们显然会排斥所谓的"家庭入侵者"（融合关系破坏者）。为此，很多人感到十分苦恼。虽然他们的伴侣完全符合父母的择媳（或择婿）标准，但是他们却无法"带自己的伴侣回家"。33岁的法比安娜告诉我："虽然我的父母非常爱我，但是他们希望我可以找到一个年轻英俊的男人，不仅没有孩子，还有一份体面的工作。只可惜，跟我约会的男人要么是外国人，要么是离异人士，要么是一贫如洗的艺术家。我的父母感到很不高兴。他们经常对我说：'你的脑子是不是坏掉了？'为了不让他们难过，每次我都只好分手。渐渐地，我开始不和他们谈论我的感情生活。直到今天，我都无法强迫父母接受我的男友，这便是我的问题所在……"

与法比安娜不同的是，有些人选择听从父母的话，因此，他们同意与陌生人结为夫妻，过着稳定、"被认可"、完全服从的生活。可是，这样的婚姻里有爱情吗？另一种自我破坏的方式就是隐藏自己，从不对别人吐露真心，甚至还说谎话，割裂自己的生活，做到八面玲珑。例如，一位女患者认为，即便她不说出年龄、住址、家庭情况以及她的过去，她也可以和深爱自己的男人谈恋爱。说实话，她甚至不敢相信，这些事情居然是谈恋爱必须知道的……结果可想而知：一旦对方想要知道这些事情，她就会选择分手，然后开始寻找下一个对象。这让她不禁开始抱怨自己命途多舛——"找不到幸福"。

在"婚姻"面前犹豫不决

结为夫妻其实并不难。很多人都不会"主动出击",而是被动地等着伴侣"选择"他们或是先"行动",他们很高兴有人能先迈出那一步,替自己同时也替他们做好决定。他们可能会发现自己正处于一段婚姻关系中,可是他们的伴侣并不是自己"找到"的。随着时间的推移(几年后),他们常常难以说出自己从伴侣身上获得了什么。一位结婚15年的女士对我说:"既然事已至此,那我真的爱他吗?我不知道。"与其说这是一段感情,倒不如说这是人们强加在她身上的故事。"其实我没有选择这个男人。我觉得我是爱上了这段关系,而不是爱上了他。和遇到他之前相比,我觉得自己依旧很孤独,有时甚至更孤独……"

还有些人选择终身不婚,他们的恋爱经历都很短暂,所以大多数时间都处于单身状态。父母的命令在这一方面充分展现了效力。一位年轻女士向我解释道:"我的母亲时刻都在提醒我,没有人可以容忍我的一切。她经常提醒我:'没有男人会要你的!你也不照照镜子?我真的很同情你未来的丈夫和孩子!'"

许多成年人虽然已经结婚或处于恋爱状态,但是他们仍会不自觉地与父母或其中一方保持融合关系。他们的生活重心一直都在原生家庭，以至于他们无法将忠诚投放在伴侣和孩子身上，除非伴侣和孩子也被纳入原生家庭，成为原生家庭的"附属品"。事实上，他们一直都在不自觉地满足父母的心愿，因为父母不希望孩子将他们的情感投放到家庭以外的地方……因此，很多儿媳或女婿都会被公婆或岳父母"收养"，所以他们不得不与长辈作斗争，防止长辈干预他们的生活和选择，包括孩子的教育问题。

一位女患者告诉我，她发现丈夫将他父母的手机号码备注为"家"，为此她感到十分震惊。她一直将自己的丈夫视为她的"另一个孩子"，可她却痛苦地意识到，自己的丈夫并没有真正地融入他们的夫妻关系。虽然她的丈夫已经有了自己的孩子，但是他仍然将自己视为"父母的孩子"，所以他无法完全承担起成年人以及父亲这两个角色。

为了避免孤独，融合关系下的成年人会不断地做出妥协，这使得他们常常受到控制狂的摆布，受到自恋型人格障碍患者的折磨。即便夫妻之间不存在恶意伤害的行为，这样的关系也总会令人失望，而且很难化解，可是我们又无法断绝这层关系。

至于那些自认为是英雄的成年人，他们会尽力避免做出承诺，同时不停地与他人发生恋爱关系，甚至可能会做出脚踏两只船的行为。他们就像孩子一样，极力否认一切，甚至完全不顾道德底线。

不管是融合机制还是英雄机制，不愿接纳自己的成年人都渴望在犹豫不决和自相矛盾之间找到一个理想的位置：既不会感到孤独，又不用维持恋爱关系。这样一来，他们的生活便拥有无数种可能性，但是他们却永远无法获得持续的满足感。那么，如何才能解决这一左右为难的困境呢？如何才能同时顾全自己与他人，做到两全其美呢？

自古以来，这些问题都极为重要！

或许你知道解决问题的关键在于尽力照看好自己，比如多感受自己的情绪，多注重自己的身体和健康，多做瑜伽和冥想，多练习非暴力沟通。这些做法并非一无是处，而是可以帮助你与自己和解。但是在此之上，你更有必要深入挖掘自身恐惧的根源。

心理治疗：学会与自己独处

绝对忠诚与相对忠诚

害怕独处既是一个关于依恋的问题，也是一个关于爱的问题。那么两者有何区别呢？严格意义上来说，依恋关系中不存在任何情感。我们都知道，依恋是一种与生俱来的条件反射，它的目的只有一个：获得安全感。这是一种原始需求，而且它并非我们进食需求的衍生品。一些动物幼崽实验的结果表明，当它们不得不在食物与动物皮毛之间做出选择时，它们会选择动物皮毛。

我们经常将依恋与爱混淆。我们可能会认为自己爱上了某个人，但其实我们只是爱上了这个人安抚我们的能力；事实上，我们期待这个人可以消灭我们的孤独，打破我们直面自己的现状，让我们个体的身份完全消失。然而，我们拒绝发现自己与他人的区别，无法了解其他异性的本质以及他人的特性，因此，我们也不具备真正爱人的能力。"我甚至不知道恋爱是什么感觉"，这样的话我听过无数遍！

我们有必要学会脱离依恋关系吗？当然没有必要！每个人都有基本的依恋需求，如果我们认为自己可以完全脱离他人（在自认为是英雄的幻想模式下），那我们就大错特错了。这种想法无疑会让我们失去人的本性。但是，我们仍然可以力求做到相对地脱离他人。

对于那些无法独立生存的婴儿或孩子来说，他们对待家庭是绝对忠诚的。事实上，为了确保自己的安全以及维持家庭凝聚力，人们认为家庭必须永远排在第一位，所有人都必须服从父母的命令，没有任何商量的余地。然而，这种绝对忠诚的状态势必无法永久存在。理论上来说，无论是孩子还是父母，他们的忠诚度都会逐渐降低，绝对忠诚也会因此转变为相对忠诚。这意味着原本无条件地对家庭忠诚会变为有条件地对家庭忠诚，换句话说，只有在部分情况下，家庭才是排在第一位的。

人们受到家庭以外的世界的影响，逐渐开始觉醒，他们会广泛地结交朋友并将自己的部分情感倾注在朋友身上。这样一来，他们必然会让家人、朋友甚至爱人面临相互竞争的局面。他们应该忠诚于谁呢？妻子、丈夫、孩子还是父母？从今往后，这一切都将视情况而定。因为当他们接受自己成年人的身份并成功脱离安全基地时，理论上他们可以同时连接多条忠诚的纽带。显然，这让他们不得不经常"背叛"身边的人。这样的想法真是令人感到苦恼……

如果你偏向于父母而不顾伴侣，那么你便"背叛"了自己的伴侣，反之亦然。由此可见，你在内心制定了一份有关忠诚等级的排行榜，你还可以随时对这份榜单做出调整。值得注意的是，你身边的人亦是如此：他们有时偏向于你，有时却对你不管不顾。成年人的人际关系是如此的复杂，以至于我们必须在多条忠诚的纽带之间时刻保持一种微妙的平衡。因此，我们必须不断地背叛他人，同时忍受他人的背叛。

虽然有些人很好地理解了这一点，但是他们在情感方面却无法认同这一点。例如，阿加特告诉我，她正活在地狱般的人际关系中："我很害怕自己不是别人最好的朋友。当我的两个好朋友互相靠近并交谈时，我的胸口就好像被戳了一刀。我觉得自己完全被抛弃了。我甚至觉得自己毫无价值。"

阿加特不仅掉入了多方忠诚的陷阱，还坚持认为所有的忠诚都必须做到绝对。因而，她无法忍受现实生活中那些不可避免会发生的背叛行为。此外，她甚至认为自己的个人价值完全取决于他人看待自己的眼光，而这一点更加巩固了她的身份——"父母的孩子"。

为了摆脱这一身份，存在主义心理学家常说，我们应该"成为自己的父母"。这句话是什么意思呢？

成为自己的父母

虽然这句话看起来非常奇怪，但是它意味着我们要从根本上转变自己的身份（因为这始终关乎于位置的转换）。欧文·亚隆曾这样写道："意识到自己的局限性必然是一件痛苦的事情。当我们面对这种痛苦时，只有舍弃父母无微不至的关怀，我们才能成为自己的父母……除此以外，我们还必须凭自己的力量存活于世，既不幻想救世主的存在，也不寄希望于自己营造的茧房。"

面对身份转换的挑战，即便我们承认所有的忠诚必然都是相对的，或者说都是多方的，我们也可以成为自己的父母，当然前提条件是对自己做到绝对忠诚。不过，这并不意味着我们必须自私地将个人利益放在首位，而是意味着我们可以尽量不背叛自己。

我就开门见山地说吧：成为自己的父母，其实就是征服自己精神层面的孤独。然而，这必然会使我们再次面对一个永无止境的问题——生活的意义。由此可见，一切事物都是有关联的……

我能为这个世界做些什么？

这个问题的关键仍旧在于如何走进成年人的生活。此处，我们有必要明确指出：对于我们自身而言，我们身上残存的童年与情感并不是有害或有毒的。恰恰相反，这对每个人来说都是必不可少的：它是一种人的自发性以及人生的冲劲，既不会发生改变，也不会逐渐衰弱；它是我们惊讶、好奇、创造以及热情的源泉，它可以让我们敢于面对自己的精神世界以及接受自我超越的观念。

因此，我们当然不需要驱除或消灭它，而应该把它用于我们的个人发展，换句话说，让它帮助我们理性且自觉地思考我们的自由。倘若放任我们身上的童年部分不管，我们只会陷入一种混乱的状态。然而，只要我们稍加运用恰当的理性思维来"培育"我们的童年部分，我们就可以创造出伟大的作品。巴勃罗·毕加索曾这样说道："我一生都在学习像孩子一样画画。"可是，无论孩子的画作多么扣人心弦，最终都不可能在卢浮宫展出。其实，毕加索真正想说的是，他一生都在学习像孩子一样认真地画画——或者说他非常重视自己的工作。因而，他才拥有如此卓越的成就。在艺术方面，他已经成功地让自己的童年部分与成人部分达成一致。

在解释清楚这一点之后，我们还需要理解什么是生活的意义。你觉得生活的意义是什么？我们的确在其他章节已经讨论过这个问题，但是我们仍然可以进一步分析。我们之前提出过这样一个假设：我们的人生都应该有一个出发点以及一个理想的目标。

最根本的出发点始终是我们在自己身上发现的痛苦。在恋爱或工作中，你是否觉得自己在正确的位置上呢？你是否常常感到焦虑或沮丧呢？你是否认为你无法完成自己感兴趣的计划呢？你是否觉得自己虚度了人生，或者一直在原地踏步？因此，这便是你的出发点：

如何转换自己的位置？

至于理想的目标，在我看来，它必须对自己和他人（全人类）都有用处。塞内卡在《卢克里久斯的道德信》一书中这样写道："活着，既要对他人有用，也要对自己有用。"

然而，值得注意的是：很多人会告诉我，他们生活的全部意义都在于他们的孩子、丈夫、妻子以及整个家庭……说实话：这样的回答让人无法接受。我们不能从别人身上寻找生活的意义，只能从自己身上寻找。我们当然可以把自己的亲人放在首要的位置，这一点无可厚非，但是我们不能将他们视为自己生活的"意义"。下面这个论证可以非常合理地解释这一点：倘若你的亲人都不在了，你便会失去生活的意义。这一切表明，你与他人处在一种融合关系中，并且有意地希望自己不用作为完全独立的个体存活于世。依赖他人而活，其实就是在否定生活的意义。如果我们活着的唯一目的是舍己为人（牺牲），或者正好相反是损人利己（自私）的话，那么我们同样也是在否定生活的意义。

因此，当我们了解了出发点（痛苦）与理想的目标（对

_{自己和他人都有用处})时，解决问题的关键便在于我们应该怎样做：如何做一个真正有用的人以及在哪些方面做一个有用的人？

通常来说，人们被问及这个问题时，一切都会开始复杂起来。在治疗过程中，很多人都会回答："我不知道。"因此，我们必须稳步有序地对患者进行治疗_(见第三章："问题-问题"式对话)。虽然你觉得自己的生活"没有任何意义"，但实际上，生活的意义无处不在：你的人生经历，你所做的事情以及你所热爱的事物。你做了各种各样的选择，你也取得了一定的进步。你有爱好、有冲劲、有欲望，或许你的直觉已经告诉你，你在这个地球上还有很多事要做。然而，你可能已经忘记了这一切，因为你不仅被家庭命令湮没，还被自己所扮演的角色控制，目的只是为了得到大家的喜爱。可是，这一切究竟有什么意义呢？

病例：欧利亚——"解决方案的发现者"

如果你找不到这个问题的答案，那么你可以先问问自己小时候喜欢做什么事情。如果你还是找不到答案，那么你不妨问问自己在社交活动中想要得到什么。为了更好地理解这一点，我们举一个具体的例子。

一位36岁名叫欧利亚的患者，她做着一份自己不喜欢的行政工作。但是，她的工作表现却非常出色，因为她可以找到解决问题的办法。除了工作上的问题，她还可以解决朋友或同事的问题，以及日常生活中的所有问题。她从小到大都是这样，而且她也很擅长做这些事情。她的座右铭可以这样来概括："有问题？那就想办法解决！"

因此，不管欧利亚和别人在谈论什么话题，不管她和别人有什么样的互动行为，不管她的工作内容是什么，她都会时刻关注其间出现的各种问题，并且自发地（而不是"自动地"）寻找解决方案。对她而言，寻找解决方案是一切行动的基石。我们甚至可以说"寻找"就是她人生的基本"动词"——萨特可能会说它是人的"原始谋划"，亚里士多德可能会说它是人的"美德"，普通人则会说它是人的"用处"或"功能"。

虽然欧利亚总是想要寻找解决方案，但是在我们谈话之前，她从未明确表达过自己的这种想法。"我只是在寻找解决方案。不过，既然我已经明确知道了这一点，那么关于我想成为什么样的人，我也有了全新的想法。"事实上，她的工作完全不能满足这个"动词"的要求，或者说只能满足极少部分的要求。那么，如果欧利亚想要找到自己正确的位置，她能做什么呢？

首先，有一点非常重要：欧利亚其实已经知道，当她介于痛苦（工作不满意）与理想的目标（对自己和他人都有用处）之间时，她应该做的是寻找解决方案。只不过她要知道的是，如何正确地寻找解决方案。

通过心理分析疗法，欧利亚最终选择步入教练培训行业，她发现这份职业可以让她充分实现自己的价值。那么，我们要如何确定自己的职业方向？要阐明心理分析疗法解决此问题的技术性细节，可能需要花费比较久的时间。不过，我们可以先记住两个重点。第一个重点：最适合我们的位置不一定与我们会做的事情有关。我们在绘画或数学方面天赋异禀，也并不意味着就必须成为一名画家或数学家。第二个重点在于，虽然我们可以挑选的"动词"范围相当有限，但我们仍然可以找到属于自己的"动词"——先找到一个大致的方向，然后再进行细分。以下是一些"动词"的例子：

- 发明、创造

  文艺领域、科学领域……

- 构造

  设计、工程……

  建筑业

  制造业、手工业……

- 了解

  科学研究、审计……

  调查、新闻、培训……

- 教育

  教学、培育、训练、教导……

- 连接

  翻译、调解……

  协会、公关……

  政治、人际关系……

- 寻找解决方案

  护理、康复、医学、心理学……

  保护、照料、陪同、组织……

治安、保险、防卫、救援……

● 交换

销售、谈判、财政……

文化活动……

上述这些例子只能起到提示的作用。因此，所有的"动词"都必须逐一经过讨论、比较，最终得以确定并进行等级划分；因为它们早已通过各种途径成为了你的一种存在方式。

为了说明这项任务有多细致，此处我将介绍另一个临床案例。不过，我并没有在上述的例子中提及与该案例相关的"动词"：指挥、领导。

康坦是一位28岁的年轻男士，他在一家房屋中介公司上班，但是他每天都在混日子。与此同时，他却开展了一个有关环保类软件开发的项目。他对这个项目很感兴趣，而且他也曾承诺过要改善社会的环境质量。他的项目在有条不紊地进行着：筹措资金，聘请两位软件开发工程师，撰写详细的计划……但是他很快就失去了动力。

事实证明，康坦的人生"动词"是指挥，而与之直接相关的"动词"是组织、召集、带领团队。这些都是他小时候在学校里经常自发做出的事情。即便到了今天，最让他感到快乐的事情，莫过于在聚会、生日以及郊游的时候为他的朋友们组织一切活动。

康坦之所以在软件开发的项目中失去动力，原因显而易见：他的项目暂时无法让他带领团队，也无法让他坐上梦寐以求的领导的位置。

可是，这该怎么办呢？我坚持认为，在任何项目中，解决方案都是从一开始就占据自己想要的位置。其实，作家不必指望编辑来为其写作：作家自己才能写作。同样地，画家也不必指望画廊老板，歌手也不必指望音乐制作人。他们只需要做自己目前应该做的事情。因此，对于康坦来说，解决方案就是立刻找五六个合伙人，然后让自己成为整个团队的核心。这样一来，他所处的位置才会更适合他，而且他也可以充分激发自己的冲劲和欲望。从此，他的生活也变得越来越有意义。我

们发现其实歌德早就已经明确表达过这样的观点:

"一直以来都有一个基本真理,如果忽视它,就会扼杀所有的想法与杰出的计划:就在你做出决定的那一刻,天意随之而至。

因你的决定而产生的一连串事件、巧遇和物质帮助,以你无法预料的方式不断地助你前行,你根本想象不到这一切会降临到自己身上。

无论你想做什么,有什么梦想,都要大胆去做。勇气蕴含着天赋、力量和魔法。

……现在就开始吧。"

现在就开始吧……要想获得这种"魔法",你必须服务于自己的生活。你是否也是这样的情况呢?你还有什么目标没有实现呢?你希望自己可以找到属于自己的位置吗?有什么事情是你埋藏在内心深处至今都不敢做的?画画?写作?演戏?换工作、换国籍、换生活方式?相信人际关系?让自己的事业突飞猛进?

第八章

与他人的关系

大家对"我"有什么看法呢？在这个问题上，我们投入了大部分的时间与精力。然而，由于"本体论意义上的孤独"的存在，我们无法确切地知道别人对我们的看法。这就是为什么我们总是不太愿意完全信任别人。不管我们是否愿意，我们总会有各种各样的疑问：大家喜欢我吗？我的父母尊重我吗？我对别人来说真的很重要吗？

有时，这种持续性的怀疑甚至会影响我们的生活，因为人与人之间的关系是不断变化的，我们必须在不同的信任关系之间进行调解，尤其是父母与伴侣之间。由于害怕被评价、被拒绝、被抛弃、被欺骗、被伤害……有些人会产生一种强烈的不信任感。当我们面对这些恐惧时，我们经常会采用一些心理防御机制，不过，这只会加剧我们对他人的不信任。

害怕被抛弃

分离与抛弃

过于害怕分离，甚至害怕被彻底遗弃，这些都是童年时留下的问题，这一点根本不足为奇。通常来说，婴儿在8个月左右时会表现出这些恐惧，但实际上，这些恐惧或许在婴儿出生时就已经存在。当依恋对象离开时，孩子便会开始哭泣，拒绝接触陌生人，直到依恋对象回来后才得以恢复平静。儿童在心理发展过程中，逐渐将自己塑造为一个独立的个体，与此同时，他们也会明白，人与人之间的关系（与他人的关系）不一定会因为分离而消失。然而，对一部分人来说，这种过度害怕的情绪会以分离焦虑的形式持续存在。因此，他们可能会像孩子一样，无法忍受独处。

这一问题的产生也有各种各样的客观原因：客观意义上的遗弃、家庭内部的模糊或矛盾沟通、父母的疏忽或缺席、亲人的去世、弟弟妹妹的出生。除此以外，还有更为复杂的主观原因：正如我们所知，这些原因与人们赋予孩子的位置，孩子建立心理防御机制的方式以及孩子在安全基地内的封闭状态有关。正是因为孩子不愿长大并且内心脆弱，所以他们才会养成一种情感依赖的倾向。

你有情感依赖的倾向吗?

首先,我们需要知道,依赖他人并不是一种病态的行为。事实上,任何人都无法做到完全独立自主。这就好比如果世界上只有一部手机,我们就无法与他人进行通话……说到底,每个人其实都存在于关系之中,而且必须接受一项挑战:在既不与世隔绝也不随波逐流的情况下敢于做自己。

当我们觉得自己难以接受这项挑战时,我们可能出现了情感依赖的问题。根据诊断手册,这一问题可能与"依赖型人格障碍"有关。依据大量的病例观察,这一疾病有以下主要症状[1]:

- 在没有他人的建议时难以做出决定;
- 难以说出不同的意见,难以拒绝;
- 难以实施计划,难以主动做事;
- 倾向于通过做一些自己讨厌的事情或者否定自我来维持一段关系;
- 倾向于将他人的利益放在自己的利益之上;
- 过于害怕孤独;
- 对批评过于敏感;

- 缺乏自尊；
- 难以照顾自己。

其他人格障碍也或多或少地存在上述临床症状。在本书中，我们已经讨论过这份症状清单中的大部分行为，当然还包括一些概念，如"童年期延长"[2]、"心理幼稚症"[3]、"幼稚型人格"[4]等。此外，近来发现的不成熟型人格障碍[5]具有以下几点特征：

- 渴望得到感情，却无法在人际关系中获得满足；
- 占有欲强，想要得到身边人的专属情感；
- 情感依赖性强；
- 无法独处，需要不断地获得他人的支持；
- 倾向于被动服从；
- 情绪波动大，心情起伏不定；
- 无法忍受挫折。

或许只有融合关系下的成年人才能从这些特征中看到自己的影子(不过，我们千万不要仓促地得出结论，更不要草率地得出诊断结果)。通常来说，自认为是英雄的成年人觉得这一切与他们无关。然而，他们是时候该醒悟了：他们同样喜欢依赖别人，只不过他们采取的方式更为隐蔽。例如，他们和融合关系下的成年人一样，因为情绪易感性极强而暴露了自己。

普通的情绪易感性只是对批评较为敏感。事实上，每个人都有过这样的经历：当他们得到不好的评价或者觉得别人对自己才能的评价有失偏颇时，他们都会表现出一定的敏感性。不过，这样的经历只会偶尔出现。但是，对于那些采用融合式消除或英雄式全能机制的成年人来说，因为他们总是害怕被评价，所以类似的情况在他们身上是持续存在的。

害怕被评价

融合式情绪易感性

融合式消除机制下的成年人不认为批评针对的是自己的才能或价值。这样说是有道理的，因为他们习惯于贬低自己并且低估自己所做的一切。在他们身上，情绪易感性的特殊之处在于只针对人与人之间的关系。因此，当有人对他们的工作、才能或某些个人特征（守时、可靠等）做出批判性评价时，即便是一些无关紧要的评价，他们也会执拗地认为（甚至默认）自己的人际关系出现了问题。再者，即便人们只是发表中立的观点或给出一些建议，他们也会认为自己被辜负、被背叛、被抛弃。

如果你在直属领导（我们常称之为"N+1级领导"）给你提出意见或下达指令时，担心自己会被解雇，那么你有可能受到了情绪易感性的影响。如果你在人们谈论你时，觉得自己总处于防备状态或者认为自己没有得到足够的关心，那么你也受到了情绪易感性的影响。这样看来，你就像一个悬在半空中的登山爱好者，你的同伴就在你的正上方，而你们之间只连着一根绳子。如果你的同伴松开这根绳子的话……你的生命将就此结束。对于融合机制下的成年人来说，他们的脑海里时常不经意间萦绕着一个模糊的想法，即任何关系都无法让人永远感到安心。

英雄式情绪易感性

当融合式消除机制下的成年人受到愤怒情绪的影响时，他们可能会转而采用英雄式全能的防御机制。倘若一段关系让他们受尽折磨，他们会选择立刻结束这段关系。于是，他们便尝试利用英雄式情绪易感性来产生一种自我独立的幻想。

由于长期对人际关系的稳固性感到焦虑，那些自认为是英雄的成年人便会说服自己，其实他们"不需要任何人"。与其无效陪伴，倒不如孤身一人！人际关系对他们而言似乎并没有那么重要。然而，事实并非如此。

正如我们所知，自认为是英雄的成年人会塑造一个高质量的自我形象，同时拒绝他人对自己作出合理的判断或评价。他们坚信自己有能力满足自己的需求，所以他们认为靠自己便可以完成评价自己的任务。通过这样的方式，他们想要否认缺乏自尊与自信，甚至想要否认自己对他人的过度依赖。他们觉得别人的批评会弱化，甚至推翻自己无所不能的幻想。

容易受到情绪影响的成年人，无论他们采用融合式消除还是英雄式全能的防御机制，会时刻处于防备状态。为了解读别人的想法，尤其是亲人的想法，他们经常会反复思考、精心演绎推理。此外，他们往往会将自身的攻击性(不自觉地)投射到亲人身上。

害怕被攻击

"轻度偏执"

不管是亲人还是陌生人,每当他们看向自己时,我们都会感到有些紧张:"我不够好吗?大家对我有什么看法呢?"我们甚至还会想到更糟糕的情况:"我干了什么坏事吗?"每个人都会不断地质疑自己的价值,还会时刻感到内疚。这样的行为在一天之中会随着不同的社交互动和事件而发生变化。换句话说,我们在他人之中的位置是动态变化的,而且会不断地受到质疑。

倘若我们无法接受生活中的不确定性(对自己的内在价值缺乏信心),那么我们便会难以忍受他人的目光。在部分情况下,心理学家将这种表现称为"社交恐惧症"。这一恐惧症有以下几点特征:

● 害怕出现在各种社交场合(公共场所、会议、谈话等),这对患者的生活质量、人际关系以及职业生涯都会造成非常严重的影响;

● 对他人的目光产生过度且持续性的焦虑;

● 害怕不能"恰当地"采取行动,害怕得到负面评价。

可以肯定的是，在公共场合发言、做汇报或演讲，对于任何人来说都不是一件容易的事情。然而，对于有些人来说，哪怕是一次简单的谈话，都极具挑战性。其实，孩子在大人面前就是这样的情况。不愿接纳自己的成年人就像孩子一样，会一直抱有怀疑的态度；他们试图进入他人的头脑，想要"代替他人思考"。他们根据自发获得的解释和模糊的感受轻率地提出自己的看法，但是问题在于，这些看法是不能仅凭既定事实推断出来的。他们对每个词、每句话甚至每个手势都进行衡量、判断，然后整合到一起，以此来证明对方既没有诚意又不够重视他们。

伊莲娜告诉我："当我和别人交谈时，我希望他们可以看着我的眼睛，这样我才能确定他们真的在听我说话。否则我总觉得对方并没有在听。"伊莲娜害怕一旦对方的视线从自己身上离开，他们之间的关系就会被切断。于是，她在脑海中形成了这样一条逻辑：之所以别人没有在听我说话，是因为我不值得被别人关注，我也没有价值，所以我才会被别人抛弃，变得孤独。她再也感觉不到自己与他人的联系，因为她始终认为这是一种极为脆弱的联系。她说:"有时,我发现自己正处于偏执的边缘。我甚至认为别人对我有所隐瞒,对我撒谎,欺骗我。当我的朋友们一起做了些什么却没有叫上我的时候,我会觉得自己的处境岌岌可危。说到底,我还是没有办法相信任何人。"

系统性的焦虑和怀疑情绪成了一种普遍的现象。很多人一开始只是害怕被亲人抛弃,可是到最后,他们却害怕所有人,尤其是陌生人:害怕被攻击、被侵犯、被杀害。陌生人曾被视为家庭融合关系的潜在破坏者,渐渐地,他们又被视为潜在的危险分子、疯子、精神病患者甚至杀人凶手。在这种情况下,很多人都无法正常生活,因为一旦他们离开自己的家庭,他们就会设想到最坏的局面。此外,当他们看到朋友、同事以及其他人一直都在进步且活得潇洒自如时,他们的痛苦便会倍增。面对这种所谓的不公平现象,他们无法做到完全理解。

嫉妒他人的倾向

一位22岁名叫于勒的患者意识到,当他的朋友遇到困难时，他经常会感到既快乐又不安。他说："朋友们都比我过得好，所以当他们和我一样也遇到问题时，我会觉得好受一些。当他们获得成功时，我无法替他们感到高兴！我会不自觉地希望他们遭遇不幸，然而与此同时，我也觉得这种想法非常可怕。"

我们将于勒的这种感受称为嫉妒。事实上，嫉妒并不是一种单纯的欲望，而是一种"邪恶的激情"。心生嫉妒的人通常"会因为他人的成功或幸福而感到苦恼，也会希望他人遭遇不幸，甚至会试图加害他人"。[6] 值得注意的是，嫉妒不同于猜忌，因为喜欢猜忌的人通常会害怕失去自己拥有的事物。

我们都知道，嫉妒是一种幼稚的心理，它可以直接反映出自卑、能力不足以及缺乏自尊的现象。因此，感到嫉妒或发现嫉妒本身就是一种痛苦。此外，嫉妒还是一个不可告人的秘密，因为它会让我们展现出极其负面的自我形象。这样一来，害怕被评价的问题只会变得更加棘手。嫉妒总是伴随着羞愧与内疚，它会激起我们对他人（尤其是伴侣双方）的恐惧心理，从而使我们的社会关系出现更多的问题。

害怕自己的伴侣

夫妻关系——新的"安全基地"

步入成年以后,婚姻生活为我们提供了一个机会来创造新的安全基地。这个二代安全基地的诞生往往是为了接替我们的初始安全基地。因此,婚姻初期必然是关系发展的融合阶段——即所谓的"激情期"。婚姻生活使双方想要努力"成为一个整体";我们在对方身上看到了自己的模样,而对方也很快成为了自己的"另一半"——当我们兴奋地喊出"你就是我的生命!"时,对方甚至成为了自己的全部。

由此可见,心理退行正在发挥其强有力的作用。大量分泌的荷尔蒙导致我们的大脑完全混乱,我们必须调整它的连接关系,从而在对方的生命中能够占有一席之地。其实,这种错综复杂的融合关系就是把两个人变成一个人,而这个人则拥有两个头、四只手、四只脚。[7]这个"二合一"的人必须像婴儿一样敢于探索这个世界。因此,婚姻中的双方必须(重新)学习走路(手挽着手一起走),(重新)学习说话(他们创造属于自己的语言和昵称:如"我的宝贝""我的心肝""我的小猫咪"等)，培养他们之间的默契；他们相互探索对方，学会适应彼此，调节自己的身心状态，找到属于他们的生活节奏与习惯，了解彼此在每个场景中(如睡觉、吃饭、坐车)的固定位置……

他们之所以感到非常幸福，很大程度上要归功于这样一个事实：人们在应对存在性焦虑时通常有两大最有力的防御措施，其中一个便是爱的融合[1]。孤独感逐渐消失，生活的意义(在爱的宿命中)开始变得完整，死亡不再是我们的困扰(只要我们可以死在一起)，所有的责任都落在"我们"所代表的这个整体上。我们深爱的人使我们再一次感受到融合式消除与英雄式全能的特点，还可以让我们在一段时间内获得绝对的安全感。

然而，随着时间的流逝，这一切都会不可避免地发生变化。夫妻关系的快速发展过程或许可以解释这对"幼年夫妻"是如何长大成人并改变自己的。因此，我们可以将夫妻之间关系的发展过程与孩子的成长过程进行对比。

---

[1] 宗教信仰是应对存在性焦虑的另一个防御措施。

在最初的两三年里，夫妻双方（和孩子一样）都会或多或少地活在自己的世界里。每个人都在扮演婴儿的角色，他们喜欢被别人哄，喜欢用稚嫩的语气讲话……接着，3岁的孩子开始逐渐远离父母，而这对夫妻也开始不自觉地脱离他们的融合关系并尝试探索外面的世界。他们会想到自己曾经的朋友，于是将这些朋友重新纳入自己的生活范围；他们也会敞开心扉去结交新朋友。最初的融合关系引起的排他性也逐渐失去了它的作用。

孩子到了6岁左右便不会因为离开父母而感到特别害怕；对于夫妻来说亦是如此，他们可以允许自己"在没有对方的情况下"进行一些活动。大约在12岁或13岁的时候，刚步入青春期的孩子会感受到自己的性欲；对于夫妻来说，他们可能会想要追求性解放，进而萌生出轨的念头。到了15岁左右，孩子最终会排斥父母，追求个性独立，梦想"拥有自己的生活"；同样地，夫妻双方也可能会遇到感情危机，甚至想要结束婚姻关系……

此处的重点当然不是每个阶段的持续时间，而是从融合到分离的整个过程。倘若这一转变过程（生活平淡、

^{情感磨损、移情别恋等)}在长久的伴侣关系中是不可避免的，那么每个人都应该用自己的方式来积极应对这个过程。显然，分离并不是唯一的结局：很多人会把爱情转变为友情或亲情；还有人会阻止自己想到分离，他们重视夫妻关系里的安全感与信任，却忽视自己的情欲或性欲。很多人虽然表面上巩固了他们婚姻生活的安全基地，但实际上却损害了他们的个人发展与成长。从小在父母身边长大的孩子最终会选择离开自己的父母，对于夫妻来说亦是如此，他们所面临的生存挑战就是安然无恙地脱离安全基地。当然，这并非意味着所有婚姻关系的结局注定就是分离。重点在于，我们不要在婚姻关系中忘记自我或牺牲自我，否则我们必定会否认自己成年人的身份，从而注定要活在童年恐惧的支配下。

婚姻生活及其带来的恐惧……

"我们想要爱情，不想要争吵。可是，婚姻生活却把爱情与争吵都带给了我们。"一位匿名者有感而发地说道。我们经常会谈论家庭暴力的危害，这合乎情理，现在也有很多这方面的书籍。可是，我们却很少谈论，甚至从不谈论婚姻生活中普遍存在的恐惧现象：害怕惹恼对方，害怕伤害对方，害怕激怒对方，害怕辜负对方，害怕惹对方讨厌……这些恐惧虽然悄无声息，但却无处不在，它们是构成婚姻生活的日常要素。随着时间的推移，夫妻双方渐渐明白哪些话不该说，哪些事不该做，知道哪些话题不该谈论，也知道哪些态度或行为应该摒弃。为了让对方感到舒服，每个人都会做出各种微小的让步，直到夫妻双方找到一种两个人都满意的生活方式。这一点看似再正常不过……却也是一种奇特的幻想。因为一方面，我们永远无法达成完美的妥协，另一方面，这种生活方式会逐渐变得根深蒂固，还难以消除我们的原始恐惧。为此，我们付出的代价永远是放弃自己绝大部分的自发性与真实性。

我们还应该注意到，在婚姻生活（至少是传统的婚姻生活）的安全基地中，"婚姻至上"的命令居于首要地位，而且夫妻双方都应该服从这项命令。按照初始安全基地的模式，他们不得不达成一项夫妻之间的共识。这项共识包括：不离不弃、勠力同心、团结一致、坦诚相待、和谐相处等。从某种程度上来说，这些条条框框的确合情合理。但是，这也给他们带来了很多问题。他们会不自觉地活在对方的"眼皮子底下"（就像面对父母的孩子一样）而且往往容易犯错。

正因如此，一种隐蔽的愧疚感往往会在不知不觉中入侵我们的人际关系。45岁的伊丽莎白无法做到不带任何愧疚地站在一家服装店的橱窗前。"如果这个时候老公给我打电话问我在做什么，我会立马觉得自己做了错事。然后，我便对他撒谎。如果我买了一件衣服，回家后我会把衣服先藏在衣柜里，然后过几天再拿出来，假装它已经在衣柜里放了很长的时间……"

从客观上来讲，这种隐瞒的行为完全没有道理可言，但是不愿接纳自己的成年人却认为他们必须交代自己的行为，比如买了一本普通的书，回家时间略微晚了一点儿，下班后想和朋友出去玩等等。在不知不觉中，对方的要求变得难以捉摸且尤为繁琐——我们只能依靠想象和推理才能得知大部分的要求。一段时间过后，我们的幽默与自嘲开始逐渐消失，因为不得不遵循对方的要求，我们的情绪和怒火开始占据上风。因为害怕辜负或惹恼对方，我们逐渐形成了一种以自我防御为主的生活态度，甚至认为自己必须时刻保持"如履薄冰"的谨慎。

这一点是很多危机发生的根源：在多数情况下，婚姻生活中的安全基地和初始安全基地（父母）一样具有一定的约束力，前提是夫妻双方不愿共同成长。如果夫妻双方彼此不够信任，如果他们不允许对方以完全独立的形式存在，那么他们最终只会互相伤害。以前对方身上吸引我们的点很有可能就变成了毛病。即使对方身上表现出的是优点，我们也只会看到缺点：在我们眼里，冷静是冷漠，谨慎是被动，热情是焦躁，思维缜密是拘泥古板，学识渊博是狂妄自大……所有的优点都可以匹配到相应的缺点。

目前的情况看起来的确有些糟糕，但是我们知道，只要将爱与依恋区分开来，在理论上我们就可以克服一切问题。倘若我们无法区分，那么我们的恐惧感便会不断增加，尤其是对关系破裂的恐惧。

第一次治疗的时候，阿娜伊斯告诉我："我很害怕知道我已经不爱自己的老公了。"这样的说法其实并不稀奇。和丈夫一起生活了10年的阿娜伊斯已经不知道自己身在何处："虽然我的感情发生了变化，但是我真的很依赖他。我甚至无法想象我们分开后会是什么样的局面。"她对安全感的需求已经战胜了她的情感。尽管夫妻关系的裂痕正在不断扩大，但是很多人和阿娜伊斯一样，还是选择一味地妥协。

一直以来，我们都拒绝让自己意识到情感关系中的裂痕、疏远以及磨损；尽管如此，我们还是会不自觉地感知到这些现象。当夫妻之间的距离越来越远时，我们常常觉得有必要完成一些生活规划：比如买宠物狗，生育孩子，买房子，举办一次联谊活动，筹划一次大型旅游……这些生活规划有时可以修复夫妻关系的裂痕，甚至重新修复破裂的关系（只可惜并非总是如此！），可实际上，所有的努力都只是枉费心机罢了。

到了这个阶段，我们显然没有必要重现当年的激情，而应该进一步理解夫妻关系的现实本质。

猜忌

为了维护婚姻生活中的安全基地，人们最常用的策略之一是诉诸永久性冲突。其实，冲突是最能将两个人聚在一起的方式。虽然这样说似乎有些不可思议，但是我们不得不承认，冲突可以部分地再现当年那种心潮澎湃的感觉。一位女患者告诉我："如果我们的生活太过平淡的话，我会对自己的老公失去兴趣。于是，我开始制造冲突，他也作出回应，我们争吵，然后和解。这样一来，我可以好受一段时间。"冲突的好处在于，它可以再次凸显我们的夫妻关系，让我们情绪激动，甚至在一定程度上帮助我们缓解"婚姻中的孤独感"。此外，我们通常会利用和解的方式来缓和冲突，然而，所谓的和解不过是暂时重现融合的假象罢了。[1]

长时间的猜忌总会导致夫妻双方发生冲突，进而不断地动摇夫妻关系的稳固性。有些患者告诉我，他们会搜查对方的物品，检查对方的手机和电脑，他们还会偷偷地跟踪或监视对方，留意对方的细微变化以及出轨迹象。还有一些患者要求夫妻之间做到绝对透明，倘若做不到这一点，他们便会采取一些行为来发泄情

---

[1] 我们决不能忽视这样一个事实，即被确立为关系模式的冲突可能会导致身体暴力，甚至会造成无法挽回的损失，如重伤、自杀、谋杀。因此，我们必须牢记，夫妻关系中（在其他关系中亦是如此）的身体暴力绝对不能容忍，也千万不能掉以轻心。

绪，如大声喊叫、拳打脚踢、情感绑架甚至企图自杀。当猜忌成为一种困扰时，爱猜忌的人便会时不时地感到痛苦。

疑病症患者会时刻监督自己的身体状况，这一点与爱猜忌的人有着惊人的相似之处。对于疑病症患者来说，心悸、水疱、疼痛感都有可能激发他们内心的恐慌。虽然身体检查的各项指标都很完美，但是他们还是忍不住密切留意自己的身体，害怕自己会生病或猝死。爱猜忌的人与疑病症患者在行为上并没有很大的差别，唯一的不同之处在于，爱猜忌的人留意的不是他们的身体状况，而是他们的伴侣。他们默默地相信，分离可能会导致他们的肉体死亡或精神毁灭（"没有你，我什么也不是"）。他们似乎已经将对方视为自己的容器——"容纳肉身的肉身"，他们也无法想象离开对方后的日子会是什么模样。

害怕独立

我们有必要再强调一遍：所谓的"正常"家庭其实并不存在。因为每个家庭都会遇到各种各样的问题：

沟通困难、冲突、愤怒、猜忌、怨恨、禁忌、秘密。总之，每个家庭都存在一些看似严重的问题。

在许多家庭中，部分家庭成员找不到适当的距离，所以他们之间的关系也变得有些紧张。他们既不能靠近对方，又不能远离对方，他们彼此都觉得被束缚在了一张由情感编织而成的网里。

家庭依赖的陷阱

在很小的时候，伊莲娜就已经被"父母化"，如今45岁的她仍旧在照顾自己抑郁的母亲。她将弟弟妹妹抚养成人以后，便把所有的精力都放到了年迈的母亲身上："我每天都会给她打两三次电话。这个习惯由来已久了。有时，她会嫌我联系太频繁，但如果某一天我没有给她打至少两次电话，她就会说：'怎么着？你把你妈妈忘了？'"伊莲娜的母亲不仅有酗酒的习惯，还总爱抱怨一切事物，所以伊莲娜想要尝试照顾她的母亲。于是，她不得不帮助自己的母亲，给母亲提供建议，还得为母亲跑腿买东西。伊莲娜说："她每时每刻都在发牢骚，而且从来都不感谢我。此外，她从来都没有疼爱过我；我觉得在她眼里，自己永远都是一个无关紧要的人。但是，我不能抛下她，因为我的兄弟姐妹都不管她。我实在是没有办法。"

一位名叫马修的患者告诉我，他的父亲很早就去世了，所以他和母亲相依为命。母亲将他抚养成人，是为了让他照顾母亲一辈子。"我实在受不了她了。她不给我任何私人空间，对我接触的所有女生评头论足。她认为我的职业很平庸。她甚至还想为我决定所有的事情，可是她却从不为自己做决定。尽管如此，我还是没法逃离这一切。我必须帮助她，因为我怕她出事。她就像在我脑海中植入了一个软件，我总会想到她。"

里夏尔有一个女儿，名叫洛拉，今年30岁。她患有抑郁症，虽然已经工作，但是不想离开家庭。里夏尔说："她想一直黏着我。她不想住进自己的公寓，也不想结交朋友。"尽管她努力在工作中保持活跃的状态，但她还是特别需要形影不离的陪伴。她每天会给父亲发大概15条短信来征求他的意见或建议，或者只是为了知道他的状况。身为父亲的里夏尔感到疲惫不堪，他无法做到离开女儿超过两天而不担心她遇到"危机"：愤怒，滥用安眠药，抑郁症导致的情绪崩溃……

还有些家庭依赖的现象，不算太严重，但更为细微，且仍旧极为常见。也许你可以在这些情境中发现自己的身影，可能是因为你觉得自己必须证明与家庭之间的联系，也可能是因为你的其中一位亲人没有带给你应有的安全感。

例如，你是否总是害怕你的父母或孩子发生严重的意外呢？你是否总是想知道他们在做什么或者"为了他们好"而替他们做决定呢？

事实上，必须交代自己的行为并服从家庭命令的人，难道不是你自己吗？42岁的德尔菲娜告诉我："我的父母不准我骑马，他们觉得这很危险。他们也不准我坐飞机去旅行，因为这同样也很危险。他们不让我学习美术，因为这不能给我带来一份足够稳定的工作。每当我出门时，我必须发信息告诉他们，我在哪里以及和谁在一起，然后我还得告诉他们，我已经安全到家。我的妈妈不停地告诉我，一切事物都是危险的。最糟糕的是，我竟然相信了她的话，于是，我也开始害怕一切事物。"

在"害怕生活"的前提下,正是家庭忠诚以及依附于原生家庭的命令,使人们被禁锢在过于紧密的关系中。担心并保护自己的亲人当然是合情合理的——人生处处都是意外,但是我们不应该阻止自己或他人过上真正独立的生活。不然的话,我们与他人之间便会形成一种相互牵制的关系,我认为这样的情况可以被称为"融合式骚扰"。

"融合式骚扰"的概念

虽然大多数人并不了解"融合式骚扰"的概念,但是受此困扰的人数可能多达上百万。一方面,他们每天都要忍受身边有这样的人:长期苦恼的父亲,敏感或占有欲强的母亲,无法独立生活的成年子女,脆弱或过度猜忌的伴侣,变化无常或陷入有毒关系的朋友……另一方面,那些在情感上过于依赖的人害怕分离与被抛弃,所以只能依附他人而活并为自己创造一个亲密无间的环境。

我们可以这样定义"融合式骚扰":"通过一系列反复纠缠、独占以及依赖的行为,成年人强迫他人在现实生活与精神生活的各个方面替自己负责。"[8]在家庭关系或夫妻关系中,这种骚扰可以表现为多种形式:占有欲、猜忌、情绪低沉,甚至是一些让身边的人不得不采取干预措施的失败表现(如失业、资金困难、居无定所、冒险行为、人际关系混乱、精神不稳定等)。身边的人会因此而感到焦虑或气馁,有时还会出现身心疲惫的状态。

但是,千万别弄错了:这其实是一种情感上的共同依赖现象。在一些家庭中,我们通常会发现喜欢"依赖"的人会对帮助他们的人实施"骚扰"行为。不过,双方其实都参与到了情感依赖的过程中,因为情感纠缠是一种集体现象。

因此,在这种"骚扰"过程中,我们找不到实际的"骚扰者",它只是一种类似"骚扰"的情况。因为从某种意义上来说,"骚扰者"通常希望控制并摧毁他人。这一点便是"融合式骚扰"与其他类型的骚扰(精神骚扰或性骚扰)之间的根本区别。虽然那些喜欢依赖又脆弱的人表面上看起来像个骚扰者,但实际上,他们只把攻击的矛头对准自己(例如贬低自我,采取冒险行为,尽力让自己失败,寻求帮助等),而这种攻击性也会间接地影响那些帮助他们的人。除此以外，这还会造成人际关系紧张以及关系中的情绪内耗。

"融合式骚扰"还有另外一个特点，即依赖与潜在的暴力行为（责备、怨恨、矛盾、冲突、争吵、愤怒等）都是相互的，换句话说，我们既可能是被迫提供帮助的人，也可能是寻求帮助的人。在这样一段关系中，两个人都无法离开对方；两个人都觉得痛苦，却又不愿脱离这种"胶着"的状态，不愿作为独立的个体去面对生活。

无法说"不"

不论是面对家庭内部或夫妻间的矛盾，还是面对更为普遍的不满情绪，很多人都觉得自己无法获得解脱。可是对他们来说，摆脱关系显然是一种合理的解脱方法。那么，究竟是什么样的恐惧在阻止他们这样做呢？

想要弄懂这个问题，我们只需要想一想，倘若我们要求那些被虐待的孩子离开他们的父母，这些孩子最后会怎样。我们都知道，虽然他们被虐待、被殴打、被性侵，但是他们仍然会维护自己的父母，同时尽量忘记自己受到的伤害——甚至把所有的责任都揽在自己身上。他们会说："这都是我的错……"在那些被伴侣殴打的人身上，我们也可以观察到这样的现象。由此可见，相比于人身权以及人的生存本能，"不要离开"的命令似乎威力更强。一种无形的力量仿佛在阻止所有维护自己的行为。除了上文已经提到的原因，我们还应该把另外一个因素考虑在内：无法说"不"。

敢于说"不"，其实就是将人际关系置于危险境地，因为你站在他人的对立面，很有可能会惹恼他人。不过，孩子很小就学会了顺从，他们屈从于大人的意愿，不和大人"顶嘴"。那些不愿接纳自己的成年人之所以仍在服从儿时的命令，正是因为他们还没有学会如何说"不"。因此，如果他们敢于不顾一切地说"不"，他们就会觉得自己像小时候一样正在试图反抗父母：他们觉得自己做了错事，所以担心可能会受到惩罚，即失去父母的爱以及与父母断绝联系。

如果你觉得自己难以说"不"，那么你可能会这样解释：你不喜欢冲突（可谁又喜欢呢？）；你不想让他人难过；你是一个随和、热心的人。然而，真正的原因或许完全是另一回事：你担心因为自己敢于说"不"而被逐出安全基地。这意味着你会即刻失去自己的价值。

可是总有人会问：为什么不选择一辈子服从命令并让他人来承担自己的责任呢？因为不惜一切代价防止自己摆脱束缚会导致我们不断地否定自我，同时积累自己的挫败感和愤怒值。这就是为什么我们最好锻炼自己对父母或伴侣说真话，以及简单而真诚地表达自己的喜恶和需求。

你是否偶尔会讨厌别人的建议、推荐、劝告或态度呢？你可以试着直接说出来！你是否对全家外出或聚会的提议不感兴趣呢？你也可以试着直接说出来！你是否想给自己买件衣服或买件东西呢？大胆地去做吧！你是否会有以下需求呢？比如一个人独处，无所事事，看电视，休息，和朋友出去玩，独自离家几天，在家里拥有自己的空间。你是否不愿意每年和父母一起去度假呢？

每天都有成千上万的机会摆在我们面前，我们可以利用这些机会来得到自己真正想要的东西。不过，重点在于我们要冒着得罪人的风险去找回自己的位置，甚至敢于这样想："我不怕你。"这种想法意味着：我和所有人一样都有存在的权利，也有表达自己人生需求的权利。

当然，你一定会为此感到内疚。这种内疚感是如此的强烈，以至于你会有这样的想法："我不能扔下妈妈不管！""我必须帮助我的儿子！"你认为自己绝对不可能摆脱对家庭的忠诚。然而，找到自己的位置并不是要让你抛弃他人，也不是要让你与他人断绝关系。确切来说，你要做的是不再抛弃自己，不再把自己视为一个无关紧要的"因变量"，并且最终学会信任与他人的关系。

心理治疗：信任与他人的关系

"心智理论"与"客体永久性"

在本书中，我们试图了解每个人心中可能留存的童年部分。为此，我们借用了好几个概念，如依恋理论、安全基地等。此处，我们将引用发展心理学中的另外两个概念："心智理论"与"客体永久性"。

心智理论

在大约15个月大以前,孩子并没有真正意识到,其实每个人都有自己的想法和信念。在孩子看来,每个人的想法或感受都和自己一模一样,仿佛所有人都具有相同的意识。然而,在大约15个月大时[9],孩子开始逐渐明白,自己的观点与别人的观点是截然不同的。换句话说,他们获得了所谓的"心智理论":他们逐渐可以意识到这样一个事实,即别人拥有与他们不同的想法和感受。然而,他们还要花上好几年的时间才能彻底明白这个事实。当他们四五岁开始撒谎时,他们的父母便会注意到这一点……

事实上,所有的成年人(不包括患有自闭症等疾病的成年人)都已经获得了心智理论。因此,单纯考虑智商的话,他们完全能够理解这样一个事实:每个人都有自己的想法。但是,不愿接纳自己的成年人似乎无法从情感上接受这个事实。他们仿佛仍然停留在儿时的融合关系中,而小时候的他们一直都认为自己与他人拥有共同的想法。即便他们清楚地知道事实并非如此,他们也执意要深入了解他人的想法,因为他们希望回到与他人的融合状态。

他们可能会对身边的人说:"我知道你在想什么!""我很会揣测别人对我的看法,而且我很少出错。"他们经常把自己负面的想法说成是别人的想法,而这些想法正是他们内心恐惧的投射。

为了让自己信任与他人的关系,我们必须摒弃一个下意识的想法——意识融合,从而让自己面对"本体论意义上的孤独"所带来的限制。

"客体永久性"

此处还涉及另外一个概念——客体永久性,是由让·皮亚杰 (Jean Piaget) [1] 在认知心理学与发展心理学的交叉融合下提出的。

其实,客体永久性是一个很简单的概念:我们都知道,即使物体不在我们的感知范围内,它仍然是存在的。然而,刚出生的婴儿显然不明白这一点,他们必须要到5个月大时才能明白,人或物并不会凭空消失,哪

---

[1] 让·皮亚杰 (1896-1980),瑞士儿童心理学家。——译者注

怕他们看不见或听不到这些人或物。

没有什么比这一点更显而易见了。然而，我们也有理由相信，不愿接纳自己的成年人虽然能够在认知层面充分接受这一事实，但在情感层面他们还是无法接受。哪怕只是远离他人，都会使他们产生一种无法抑制的恐惧感（他们知道这种恐惧感的存在并不合理），即害怕自己与他人凭空消失。

我们的身上一直存在着一些不成熟的部分，而心智理论与客体永久性这两个概念可以用来解释其原因。这两个概念可以帮助我们更好地理解，为什么成年人的理性思维与他们的情感体验总是无法达成一致。无论是采用融合式消除还是英雄式全能机制的成年人，他们都有一个很明显的特征：他们的理性与情感虽然彼此独立发挥作用，但却总是不断地发生冲突。因此，他们经常会出现一种分裂的感觉，他们说自己既想要一件事物，又想要它的对立面——例如，他们希望完成一项任务，可同时又觉得自己无法开始这项任务。此外，他们也经常会出现"逆向思维"（倾向于寻找问题而非解决方案），关于这一点，我们在前几章中已经详细讨论过。

不过，一些神经科学家已经证明，不诉诸情绪是绝对无法做出正确的决定的。仅仅依靠逻辑思维，我们只会做出错误的决定，特别是在人际关系方面（以及被认为是纯逻辑的方面）。

不愿接纳自己的成年人也注意到了这一点。它可能源自于一种防御性倾向——通过排斥或忽视自己的痛苦情绪，他们甚至将其中一部分自我分离出去，以至于他们最终不知道如何命名并理解自己的痛苦情绪。事实上，他们从小就养成了分离自我、肉体以及情绪的习惯，所以他们也切断了与他人的关系。因而，对他们来说，理解自己的情绪就如同理解自己一样非常困难。于是，他们只能反复思考各种可能性，同时又害怕出现最糟糕的情况。

究竟有没有可能改变这种存在方式呢？当然有可能，其中最好的方法便是认知-情绪矫正[1]，它所包含

---

[1] 认知矫正被广泛应用于精神科临床实践中，其目的在于恢复或改善心理障碍以及特殊障碍（包括多动症）患者的认知功能。训练的侧重点是提高患者在推理、注意、规划、学习等各个方面的能力。

的形式为一系列用于协调理性与情感的训练。然而问题在于，这种矫正方法还有待发明……不过，在一些简单的治疗原则的帮助下，存在主义心理治疗也可以让患者取得进步。

最低限度的要求

此处我之所以提出最低限度的要求，当然是为了对前几章中提及的所有转变途径进行补充。这些要求旨在让我们接受人与人之间的距离与分离，从而建立更具有安全感的人际关系。

1) 少点抱怨。尽管抱怨能够唤起他人的亲近与支持，而且有利于维持透明的融合关系，但是，我们不要一味地去抱怨，而应该把一部分事情留给自己去解决，换句话说，我们应该与他人保持一定的距离并建立内在的安全感。当然，我们也不要一味地去倾听他人的抱怨。

2) 少点建议。重点在于我们既不要盲目给予建议，也不要接受不请自来的建议。即使有人向我们征求意见，我们也应该想一想自己的建议是否真的有用。倘若没有用处的话，我们最好保持中立、友善的态度去倾听他人的心声。我们还应该毫不犹豫地承认，自己不仅给不出建议，也不需要他人的建议。

3) 少点指责。和拒绝建议一样，我们不应该总是指责他人或被他人指责。我们都明白，指责只会导致双方的冲突，破坏双方的融洽关系。困难之处在于我们要明确什么情况下指责是合理的，什么情况下又是不合理的。这一点同样适用于抱怨和建议。

少点抱怨、少点建议、少点指责……

你只需要遵循这三点要求，便会发现自己逐渐找到了人际交往中更为合适的距离。可是，如果生活中没有抱怨、建议或指责，那么你与伴侣、父母、朋友或同事之间的关系究竟还剩下什么呢？

起初，你可能会觉得什么都没有了，你也不知道还能和他们聊什么。然而，正是在这个虚无的空间里，你才能学会如何建立一段真实的关系。更好的情况：你会意识到，我们所爱之人的出现并不是为了填满这个虚无的空间，而是为了突出这个空间进而让我们一起努力构建属于我们的关系……

你可能会害怕自己被视为冷漠的人并为此感到内疚；你也可能会害怕背叛对方或被对方背叛，这一切或许只是因为当你与对方保持距离后，你不得不承担自己的责任。不过矛盾的是，你会发现你与他人的关系只会变得更加牢固，而你在这段关系里也会觉得更加安心。

从依赖到集体个人主义

在存在主义心理治疗过程中，我们必须"背叛"自己的心理治疗师。事实上，正是在这一过程中，大多数患者才得以学会"背叛的艺术"。那么这究竟意味着什么呢？

在治疗初期，一方面，患者会明确提出需要帮助的请求；另一方面，心理治疗师也拥有相应的手段对患者的痛苦表现做出反应。这样看来，双方的地位显然是不平等的。心理治疗师甚至可以迅速充当起患者父母的角色，因此，在治疗以外的对话中，摆脱束缚的现象在双方之间不断上演。的确，治疗过程本身便构成了一个二代安全基地（类似于婚姻生活），这也会让人想起自己的初始安全基地（原生家庭）。因此，治疗的其中一个目的便是最终脱离治疗。那我们应该怎么做呢？其实很简单，就像我们"离开"或"背叛"自己的父母一样。在本书中，我们经常会谈到这样的做法：不再以孩子的身份在父母面前生活；在治疗过程中，我们也应该模仿这种做法，即不再以患者的身份出现在心理治疗师面前，而是以成年人的身份出现在另一个成年人面前。这让我想起了弗朗索瓦·鲁斯唐（François Roustang）[1]的代表作——《终结抱怨》。此外，这也是一种（必要的）背叛行为。倘若患者可以接受自己不再需要心理治疗师，他们便可以勇敢地独自生活并接纳自己的脆弱以及对死亡、孤独、意义与责任的质疑。

经常有人不无讽刺地问我，长大成人是否意味着我们必须与他人保持距离，甚至孤立自己并切断所有的情感纽带。当然不是，虽然我们的身上都存在着"本体

---

[1] 弗朗索瓦·鲁斯唐（1923-2016），法国哲学家、心理学家、精神分析学家。——译者注

论意义上的孤独"(不可能与他人融合)，但是这无法证明我们会封闭自己并展现出自私、冷漠的一面。因为这样的做法只是简单地从融合式消除的机制转向了英雄式全能的机制，只是保留了一种儿童般的存在模式。只为自己的利益而活，实际上是对人性的一种否定，也是自我毁灭的一种形式。

然而，个人主义并非全无用处。因为这样的人其实也有自身的价值；我们的社会倾向于对统计学意义上的所有个体进行改造，当我们面对这样的社会时，哲学上的个人主义不外乎是在肯定这些个体的价值。因此，对每个人来说，问题的关键就在于找到自我与他人之间的平衡。我们可以将这种平衡状态称为集体个人主义。我们会尽力找到属于自己的位置，在这个位置上，我们可以凸显自己的存在与独特性，但却不会否认他人的存在与独特性。的确，我们是在成长，不过我们是和所有人一起成长。

生与死的小结

你活着的理由是什么？

我们在面对生的意义时，同样也是在面对死的意义。脱离安全基地迫使我们接受孤独以及生命的有限性。然而，当我们意识到没有人可以代替我们的死亡，也没有人会陪伴我们经历这场磨难时，我们知道自己必将独自死去。面对这样的情形，我们应该怎么做呢？

自古以来，哲学家们总是不断地提醒我们，"探讨人生哲理其实就是学会'死亡'。"尤其是蒙田，他的思想告诉我们，活着的同时也在死亡。任何人想要过自己的生活，都必须接受这一点。我们暂且同意这个观点。然而，据我们所知，每个人的死亡都只有一次而且是独一无二的，我们只有在生命的最后一刻才能体验到死亡。因此，我们无法从死亡中吸取任何教训。不过，生物学家却认为，死亡一直在我们的体内发生。可以这么说，在我们的机体中，每天都有数十亿个细胞死去，又有数十亿个细胞诞生。我们的器官既会衰老也会更新，因此，在我们的身体深处，生与死每时每刻都在擦肩而过。死亡也发生在我们的日常生活中，除了亲人的离世，还有其他令人伤心的事情，如分离、背叛、关系破裂、失去（工作、物品、人身权）、疾病、意外、衰老……

每当我们失去某人或某物时，我们也会失去一部分的自我。因此，学会死亡就是愿意不断地为自己哀悼：既要哀悼我们失去的事物，也要哀悼我们自愿摆脱的事物。

但是不管怎么说，死亡还是会让人感到恐惧。保罗·瓦莱里（Paul Valéry）[1] 曾这样写道：信仰宗教的人其实都在询问自己，死去的人是否真的已经死去。这也是我们每个人都在问自己的一个问题，只不过我们从未得到自己想要的答案。不过，古人们一直都在试图消除我们的疑虑。伊壁鸠鲁认为，"死亡对我们来说是无足轻重的，因为只要我们存在，死亡就不会来临，而当死亡来临时，我们也将不复存在。"很久以前，苏格拉底也曾提出过这样的想法：既然死后一切成空，我们又何必担心死亡。"死亡不过是换个住处"，而我们的灵魂也只是

---

[1] 保罗·瓦莱里（1871-1945），法国象征派诗人，法兰西学院院士。——译者注

离开了不幸落入的憎恶的身体。苏格拉底临死前曾对自己的一个朋友克力同（Criton）说："我们还欠阿斯克勒庇俄斯（Asclépios）一只公鸡。"阿斯克勒庇俄斯是希腊神话中的医神，苏格拉底希望通过向医神献祭一只公鸡来表明死亡治愈了他活着时的疾病[1]。柏拉图认为，这是一种高尚的人生态度，而尼采却认为，这是对身体与生命的蔑视，理应受到谴责。

然而，如果我还活着的时候，就已经开始担心死亡，那么这一切于我而言又有什么用呢？死亡的意义是什么呢？仔细思考过后，我们发现真正的问题或许并不在于我们害怕死亡，而在于我们找不到死亡的任何意义。

当然，我们还有自己的信仰。很多人会相信宗教、灵性、个人信念，甚至单纯地相信希望。相反，还有些人终其一生都在逃避这个问题，他们甚至希望自己可以在睡梦中死去——其实就相当于希望自己可以在活着的时候死去……

---

[1] 疾病痊愈后向医神献祭是古希腊人的习俗。——译者注

此处我并不打算给出明确的解决方案。(有谁能给出解决方案呢？)不过，在本书收尾之际，请允许我表达自己对死亡的告解。其实，我的信念建立在一个独特的想法之上：此时此刻，等待我们的死亡本身便构成了我们活着的理由……

对死亡的告解

人的一生本就无足轻重。一些个人物品、信件或照片起初被我们保留了下来，然后被我们遗忘，最终被我们的子孙后代丢弃。所有的东西都将归于尘土……我们的人生亦是如此，起初还有迹可寻，随后便消失得无影无踪。聪明的人索性接受这个事实。可是，当心爱之人离我们而去时，我们如何才能像哲学家一样保持冷静呢？

两年前，我的母亲去世了。去年，我的哥哥去世了。几个月前，我的父亲也去世了。母亲临死前躺在姐姐的怀里，转眼间就要直面人生的最后时刻。不过，母亲丝毫没有感到畏惧。我清楚地知道，那一刻她的心中有一个愿望，她也曾多次向我们提及这个愿望："下辈子我要过得更好。"

哥哥在住院时一直处于昏迷状态，因为要做手术，所以还打了麻药。只可惜为时已晚，还没来得及做手术，哥哥便去世了。他临死前在想什么呢？在他无意识的状态下，在他生命的最后一刻，他究竟看到或感受到了什么？至于父亲，他半睡半醒地躺在透析椅上，然而在转院过程中，他不幸去世了。他在临死前又有什么样的想法和感受呢？

我深爱的亲人们，他们知道自己正在死去吗？我们又是否可以在无意识状态下死去呢？

失去亲人让我感到很痛苦，可这些问题同样让我备受折磨，因为我深深地感受到了不公平的对待。不知为何，我总觉得如果意识既没有尽头，又没有完全参与其中的话，那么它就像不存在一样。

我们经常听到有人说，"人死如灯灭"。这是一个约定俗成的表达，对吧？但是，我逐渐接受了一个完全相反的观点，即"人死如灯亮"。不管怎样，这个观点最终让我获得了安慰，也让我与死亡达成了和解。除此以外，它还为我打开了一个意料之外的新视角。

在濒临死亡的时候，首先映入眼帘的是一幅简单、美好又迷人的画面。在这幅画面中，意识犹如璀璨的烟火在生命的最后一刻尽情绽放。倘若死亡并非如我们所想是一种瞬间的毁灭，那么它会是我们一生中感受最强烈的时刻吗？或者说，死亡的时候，我们的意识会处于完全清醒的状态吗？

这一切不过是一种直觉，或者说是一种缺乏理性的观念。然而，能否证明这一点（事实上无法证明），其实根本不重要；此处的关键并不在于宣告这一最终时刻之后所发生的事情，即死后的一切事物。在我看来，更重要的是思考如何让生命中最后一刻的烟火焕发光芒，照亮生前的一切事物，即此时此刻你我的人生。

如果死亡是人世间存在的顶峰，那么走在死亡前头的生命便与死亡密切相关。此后，我们不再划分生与死的界限。对我来说，真正重要的不再是我死后所发生的一切（因为我无法预知），而是当我面对自己的存在并走向既定的死亡时，当下的自己所能做的一切。

奥地利诗人莱内·马利亚·里尔克恰好也培养了这种"生死一体"的观念。里尔克还谈到了"敞开"的概念："他始终认为，为死亡赋予意义，其实就是阐释生命的意义，同时将恐惧和焦虑视为实现人生基本目标的必要条件。我们有必要把握并理解那些横亘在生与死之间错综复杂且无穷无尽的联系。在这些联系中或许蕴藏着真理、蜕变与感悟。"[1]

总而言之，我们要把人生旅程视为一连串的小火花，我们要努力地活着并感知这个世界。从此刻开始，我们要点燃自己，直到绽放出绚丽的烟火。因此，我愿意相信，我的父母与哥哥都是这样过完他们的一生的。这不仅让我感到十分欣慰，也让我的内心充满平和。

注释

引言

1. Cité par Irvin Yalom, *Thérapie existentielle*, Paris, Galaade, 1980, p. 346. Le psychiatre Irvin Yalom est l'un des représentants et des pionniers de la psychothérapie existentielle.
2. Plus exactement psychologue clinicien inscrit dans le champ des thérapies existentielles. Les thérapies existentielles s'intéressent aux angoisses que les personnes développent face aux limites de la condition humaine : la mort, l'absence de sens, la solitude, la responsabilité. On pourra se référer à ce sujet aux précieux ouvrages de Jean-Luc Bernaud : *Introduction à la psychologie existentielle*, Paris, Dunod, 2018 ; et *Traité de psychologie existentielle. Concepts, méthodes et pratiques*, Paris, Dunod, 2021.

第一部分　害怕成长

1. Cité par Irvin Yalom, *op. cit.*, p. 344.

第1章　童年的部分

1. Edmond et Jules de Goncourt, *Journal. Mémoires de la vie littéraire*, Paris, Robert Laffont, « Bouquins », 2014.
2. Pour en savoir plus sur ce point, voir mon ouvrage *Les Pensées qui font maigrir*, Paris, Albin Michel, 2019.
3. À ce sujet, on pourra lire avec profit l'ouvrage d'Anne-Laure Buffet : *Les Mères qui blessent*, Paris, Eyrolles, 2018.
4. Nicole Guédeney et Antoine Guédeney, *L'Attachement : approche théorique. Du bébé à la personne âgée*, Paris, Elsevier Masson, « Les âges de la vie », 2009 ; p. 10.
5. *Ibid.*, p. 13.
6. Eudes Séméria, *Les Pensées qui font maigrir, op. cit.*

第2章　步入成年

1. Irvin Yalom, *op. cit.*, p. 195.
2. Pierre Hadot, *Discours et mode de vie philosophique*, Paris, Les Belles Lettres, 2014, p. 114.
3. François Cheng, *Cinq méditations sur la mort, autrement dit sur la vie*, Paris, Albin Michel, 2013, p. 14.
4. Nathalie Dzierzynski, François Goupy, Serge Perrot, « Avancées en médecine narrative », *in* Arnaud Plagnol, Bernard Pachoud, Bernard Granger (éds), *Les Nouveaux Modèles de soins. Une clinique au service de la personne*, Paris, Doin, 2018.
5. *Idem*.

第二部分 害怕表达自己

第3章 寻找自我意象

1 C'est un point commun notable entre l'auto-insulte et le gros mot, ce qui n'est pas anodin. On consultera sur ce sujet Yves Séméria, *Le Gros Mot*, Paris, Quintette, 2001.

2 Pauline Rose Clance, et Suzanne A. Imes, « The Impostor Phenomenon in High Achieving Women : Dynamics and Therapeutic Intervention », *Psychotherapy, Theory, Research and Practice*, vol. 15, n° 3, 1978, p. 241-247.

第4章 寻找位置

1 Cité par Irvin Yalom, *op. cit.*, p. 521.

2 *Ibid.*

3 Bernard Maris, *Antimanuel d'économie*, Paris, Bréal, 2003 et 2006.

4 Robert Neuburger, *Exister. Le plus intime et fragile des sentiments*, Paris, Payot & Rivages, 2014, p. 21.

5 Extraits cités avec le consentement de Leyla (pseudonyme), que je remercie vivement.

第三部分 害怕采取行动

第5章 从选择恐惧到思维反刍

1 Anne Dufourmantelle, *Éloge du risque*, « Petite Bibliothèque », Rivages Poche, Paris, 2011, p. 11.

第6章 从害怕采取行动到拖延症

1 Source : CNRTL, Centre national de ressources textuelles et linguistiques.

2 Alasdair White, *From Comfort Zone to Performance Management : Understanding Development and Performance*, White & MacLean Publishing, 2009.

3 Alina Tugend, « Tiptoeing Out of One's Comfort Zone (and of Course, Back In) », *The New York Times*, 11 février 2011.

4 Parmi d'autres bons ouvrages, on peut citer celui d'Anne-Marie Gaignard, *Coaching orthographique : 9 défis pour écrire sans faute*, Paris, De Boeck-Duculot, 2010.

第四部分　害怕离别

第7章　与自己的关系

1. Cité par Sénèque dans *Lettres à Lucilius* (6–7). Hécaton de Rhodes est un philosophe stoïcien qui vivait au début du I{er} siècle de notre ère.

2. Irvin Yalom, *op. cit.*, p. 520.

3. Alan S. Cowen et Dacher Keltner, « Self-Report Captures 27 Distinct Categories of Emotion Bridged by Continuous Gradients », *Proceedings of the National Academy of Sciences of the United States of America*, 5 septembre 2017 (https://doi.org/10.1073/pnas.1702247114).

第8章　与他人的关系

1. Source : CIM-10, Classification internationale des maladies (OMS).

2. Proposé par le Dr Philippe Pinel au XIXe siècle.

3. Identifié par le philosophe Théodule Ribot (1896).

4. Otto Kernberg, *La personnalité narcissique*, Dunod, 2016. 1982.

5. Tristan *et al.*, 1977 ; Bertrand, 1982 ; Barrois, 1984.

6. Source : CNRTL, Centre national de ressources textuelles et lexicales.

7. On ne manquera pas de penser au mythe rapporté par Platon dans *Le Banquet* (par la voix d'Aristophane) selon lequel, à l'origine, les êtres humains étaient des êtres circulaires, à deux têtes, quatre bras et quatre jambes. Ils étaient de trois sortes : mâles, femelles, ou androgynes. Zeus, voulant les punir de leur arrogance (puisqu'ils avaient essayé de gravir l'Olympe), les coupa tous en deux. Depuis ce temps, chaque moitié cherche son autre moitié. Ce serait, dit le mythe, l'origine de l'amour.

8. Eudes Séméria, *Le Harcèlement fusionnel*, Paris, Albin Michel, 2018, p. 13.

9. K.H. Onishi et R. Baillargeon, « Do 15-Month-Old Infants Understand False Beliefs ? », *Science*, n° 308, 2005. À noter que jusqu'en 2005 on croyait que la théorie de l'esprit n'était acquise que vers 4 ou 5 ans.

生与死的小结

1. Nicole Russ, « Le thème de la mort dans l'oeuvre de Rainer Maria Rilke », *Santé mentale au Québec*, 7 (2), 1982, p. 147–150 (https://doi.org/10.7202/030153ar).

图书在版编目（CIP）数据

阻碍成长的四种恐惧 /（法）厄德·塞梅里亚著；蔡进桂译. -- 上海：上海文艺出版社，2024. -- ISBN 978-7-5321-9088-1

Ⅰ．B842.6-49

中国国家版本馆CIP数据核字第2024R8S020号

© Éditions Albin Michel, 2021
Simplified Chinese edition arranged through Dakai – L'agence

著作权合同登记图字：09-2024-0580

发 行 人：毕　胜
总 策 划：李　娟
执行策划：邓佩佩
责任编辑：肖海鸥
装帧设计：潘振宇

书　　名：阻碍成长的四种恐惧
作　　者：[法] 厄德·塞梅里亚
译　　者：蔡进桂
出　　版：上海世纪出版集团　上海文艺出版社
地　　址：上海市闵行区号景路159弄A座2楼　201101
发　　行：上海文艺出版社发行中心
　　　　　上海市闵行区号景路159弄A座2楼206室　201101　www.ewen.co
印　　刷：苏州市越洋印刷有限公司
开　　本：1240×890　1/32
印　　张：13.625
插　　页：2
字　　数：173,000
印　　次：2024年12月第1版　2024年12月第1次印刷
Ｉ Ｓ Ｂ Ｎ：978-7-5321-9088-1/B.109
定　　价：78.00元
告 读 者：如发现本书有质量问题请与印刷厂质量科联系　T:0512-68180628

人啊,认识你自己!